北京大学第三医院儿科主任、主任医师，研究生导师

现担任中国医师协会新生儿医师分会副会长、中国医师协会新生儿专科分会营养与消化专业委员会主任委员、中华医学会儿科分会新生儿学组委员、北京医学会早产与早产儿医学分会副主任委员、北京医学会儿科学分会常委和北京医学会围产医学分会委员。

从事儿科专业工作30余年，长期从事新生儿感染性疾病、早产儿管理、新生儿重症监护等方面的临床和实验研究，积累了丰富的临床、教学和科研工作经验。主要研究方向为新生儿感染性疾病，早产儿管理和儿童发育评估等，熟练掌握新生儿危重病例的抢救管理工作以及对医院内感染的控制措施。曾主持和参加了3项国家自然科学基金课题的研究。共发表学术论文100余篇。主编7部著作，参加编写《实用新生儿学》等10余部著作。已培养硕士、博士研究生共9人。

目前担任《中华儿科杂志》《中华实用儿科临床杂志》《中国当代儿科杂志》《中国新生儿科杂志》《国际儿科学杂志》《发育医学》6家杂志编委。

国家高级营养师、儿童健康指导师，
中国农业大学营养与食品安全硕士

资深大众营养知识普及撰稿人，近十年孕产育儿图书撰写、策划、编辑经验，近年来致力于儿童健康、幼儿营养配餐、学龄前儿童早教的研究与实践，为多个幼儿园、托幼机构、社区亲子活动中心进行营养配餐和健康科普，并组织相关活动。

Baby
Chef

北京大学第三医院儿科主任、主任医师　童笑梅
国家高级营养师、儿童健康指导师　胡敏
编著

宝宝辅食添加每周计划

全国百佳图书出版单位
化学工业出版社
·北京·

致正在看这本书的亲爱的你：

你或许是新生宝贝的“抓狂妈妈”，刚从一堆尿布、奶粉中解脱，又要忙不迭为宝宝的下一阶段口粮做准备了；

你或许是正在给宝宝添加辅食的“忧愁妈妈”，为不知怎么做才能让家里的小宝贝吃下一口两口而烦恼，或者面对浩瀚的食物海洋茫然不知所措，尤其是之前不怎么会做饭的你，或者要在上班之余亲手给宝宝一份从口到心的母爱；

又或者，你是正打算要孩子的准爸准妈，家里喜得下一代的爷爷奶奶、姥姥姥爷，举全家之力，要为养育一个健康、聪明的下一代做功课……

我们希望能用自己的专业和实践，帮助更多的爸爸妈妈解决宝宝的吃饭问题，一些关键问题都化作了这本书的文字，为了使你操作起来更便利，还配有相应的食谱图片和步骤，希望这本书能帮到你。

谁都希望自己家的宝宝像绘本《好饿的毛毛虫》里的毛毛虫一样，不挑食，见到食物就吃，吃得还挺开心，宝宝会说话以后，妈妈最喜欢听到的一定是“饿”“吃”，而不是这个不要那个不要，能吃能睡的毛毛虫最后化作了美丽的蝴蝶，我们家的宝宝是不是也能出落得漂亮伶俐呢？这里不得不提及几个引导宝宝吃饭兴趣的小妙招，可使辅食添加过程更顺利：

妙招一：让就餐过程变得有趣。在宝宝1岁以后，有意识地给宝宝读有关食物和吃东西的绘本，宝宝1岁半以后，大人可以将绘本故事设计成创意菜，诱导宝宝吃。

妙招二：安静有序的进食环境。包括环境的整洁无噪声、餐椅餐具摆放有序、妈妈亲切招呼吃饭的声音和温和坚定的态度，特别是不要让宝宝养成边玩边吃、边看电视边吃的坏习惯，进餐环境附近不要摆放玩具，每次进餐时间和地点要基本固定，每餐进食在半小时左右结束，进食时间过长会影响下一餐。宝宝对当餐食物不感兴趣，或吃几口就不吃，不要勉强，但要适时加餐，不能让宝宝的胃口越来越小。

妙招三：尽早让宝宝自己吃饭。自己动手吃饭，会更有意愿多吃些，而不是感觉在完成大人给的“任务”。10个月左右可以练习拿勺吃饭，有些食物勺子确实难以舀取，适时让宝宝尝试叉子，并注意安全问题。2岁以后可以给宝宝尝试用学习筷练习怎么用筷子取食物。

妙招四：增加宝宝的活动量和做抚触。宝宝活动量足够，身体能量消耗多，就会更容易感到饥饿，对食物更有欲望。有的宝宝因为吃得过多而又不怎么动，造成积食，家长就得帮他进行身体按摩，促进消化。也有的宝宝咀嚼、吞咽有困难，或口腔触觉过于敏感而拒食某些食物，家长可以用手指（套上干净的纱布）按压宝宝的牙床、牙龈和脸颊。

我们竭尽所能，也难免还有疏漏，希望用到此书的你或你们，能多包涵，并给我们提出宝贵意见，让我们在养育新生命的道路上携手共进。

编者

目录 Contents

第一章 宝宝，来吃辅食喽

第二章

6个月，米粉是第一口最佳辅食

第三章

糊向泥过渡的7个月，小手自己来

第六章 10个月，自己用勺吃饭香

第七章 11个月，颗粒大点也不怕

第八章 1~1.5岁，能吃整个鸡蛋啦

专题 1

第九章 1.5~2 岁，断奶嘞

第十章 2~3岁，尝试像大人一样吃饭

第十一章 宝宝的功能性食谱

宝宝，来吃辅食喽

辅食什么时候开始添加？添加时要注意什么？辅食餐具怎么选购？有些食物宝宝不吃怎么办？添加辅食后出现了一些问题怎么办？怎么给宝宝断奶？怎么判定辅食添加效果？如何帮宝宝建立好的饮食习惯……在辅食添加的道路上，是不是感觉自己在不断地破解一个又一个难关？现在就由专家来帮你各个击破！

稀糊（搅拌机＋水）

泥状（搅拌机）

碎末（勺子碾压）

添加辅食，从6个月开始

一般来说，6个月是添加辅食的最佳时期，这个阶段宝宝肠道发育较完善，更容易接受简单的食物，这个阶段宝宝口腔小肌肉开始发育，是锻炼咀嚼能力的关键期，有利于今后语言能力的发展，这个阶段也是过敏低风险时期，添加辅食后宝宝出现过敏症状的机会较少。

世界卫生组织建议：所有婴儿都应从6个月开始添加除母乳以外的其他食物。早产儿辅食添加时间应为矫正月龄，也就是说从预产期开始计算，以后的6个月才能添加辅食。

注意，家长不应仅仅关心宝宝的月龄，还要观察宝宝是否有这样一些表现，给爸爸妈妈发出“我要吃辅食啦”的小信号：

大人吃东西的时候，宝宝一直盯着看、吞咽、流口水、砸吧嘴、伸手去抓大人的食物；

宝宝玩玩具的时候经常把玩具放嘴里，模仿大人吃东西的样子，口水把玩具都弄湿了；

在6个月阶段，宝宝有段时间体重增长偏缓，这也是应该添加辅食的信号。

辅食添加有顺序，给妈妈一张贴心时间表

在尝试添加辅食期间，要注意保证一贯的喂养规律，不要骤减母乳和配方奶的量和喂哺次数。宝宝的第一口最佳辅食应该是强化铁的婴儿米粉，很多家长认为，米粉就是简单地将米磨成粉，自家也能做，我们这里所指的婴儿米粉是专为婴幼儿设计的、在米粉基础上添加了多种营养素、营养均衡的食品，一般超市均有售。

粒（刀切细）

大颗粒（刀切5毫米左右）

小块（刀切10毫米左右）

大块（接近成人块状食物大小）

辅食添加应遵循少量、简单的原则，一次添加一种，连喂3天，注意观察，如有异常反应，暂时停喂，3~7天后再添加这种食物，如同样情况再次出现，立即咨询医生，如宝宝接受良好，则在喂食7天后再添加另一种，逐渐丰富宝宝食谱内容。如果几种食物同时添加，一旦宝宝出现不耐受现象，家长很难及时发现原因。

在宝宝接受米粉后，到1岁前，将其他后添加的食物混在米粉中喂给宝宝，口感和味道会更容易被宝宝接受，避免宝宝养成挑食偏食的不良饮食习惯。

为了使家长更直观明了地掌握辅食添加顺序，可以参照下列“辅食添加时间表”：

月龄	6个月	7个月	8个月	9个月	10个月	11个月	12个月~1.5岁	1.5~2岁	2~3岁
行为能力	吞咽，辅食为流质、半流质、稀软泥糊	蠕嚼（舌嚼碎+牙龈咀嚼），辅食为稍厚的泥糊，可用手抓握	蠕嚼，辅食碎末状，开始添加蛋黄，用手抓取	细嚼（主要以牙龈咀嚼），辅食小颗粒状，锻炼咀嚼能力	细嚼，可以自己用勺了，进一步锻炼小手精细动作	咀嚼（主要以牙齿咀嚼），辅食大颗粒状，进一步锻炼咀嚼能力	咀嚼，辅食小块状，可吃盐、糖、全蛋，及坚果、芒果、菠萝等致敏性高的食物，可以让宝宝和大人一起做面食	辅食块状，断奶	尝试像大人一样吃饭
辅食品种	米粉 米汤 米糊 烂米粥 蔬菜糊 水果糊 蔬菜羹 水果羹	软粥 水果泥 蔬菜泥 豆腐泥 鱼泥 猪瘦肉泥 鸡汁 烂面条	蛋黄 蔬菜汤 水果汤 鱼丸子 猪肉丸子 鸡肉丸子 蔬菜泥丸	硬粥 各色软蒸糕 小颗粒蔬菜 小颗粒水果 鸡丝 鸭丝	软米饭 软面 小馄饨 小面片 手卷 蔬菜饼	虾仁 猪肉末 大颗粒蔬菜 大颗粒水果 豆腐肉丸子 豆腐蒸饺 馄饨 饺子	全蛋 五谷杂粮豆浆 无刺鱼块 鸡腿 小排骨 沙拉 三明治 小饭团 小面点	米饭 奶制品 创意菜 羊肉 牛肉	整鱼 墨鱼 牡蛎 蘑菇 米粉 馅饼

注：1. 具体月龄要根据自家宝宝情况调整，每个孩子发育情况都不一样。

2. 根据《中国居民膳食指南（2016）》，宝宝7个月的时候，蛋黄可以作为补铁的食物及时添加。如果8个月添加，多数宝宝更易消化，且不易过敏。

自己做，还是买现成的

宝宝的第一口辅食——含铁的婴儿米粉，建议买成品，这种米粉经过营养强化和调配，不是简单意义地将大米磨成粉，自己做很难实现。

随后逐步添加的辅食，建议自己做，能最大程度保证质量和新鲜，在亲手制作辅食的过程中也融入了对宝宝满满的爱，这份爱宝宝是能感受到的。

在很多情况下，无法给宝宝餐餐提供新鲜可口的辅食，可以一次多做些，趁热分装到开水消毒过的密封容器里，放凉后放入冰箱冷藏室，可存放一周。如果想保存更长时间，可以用冰格冻成小块，装入保鲜袋密封后放入冷冻室保存。要吃的时候，加热彻底（烧到烫）即可。

抓住辅食制作要点，谁都能笑傲厨房

营养配餐

为了保证宝宝的健康生长发育，就要给宝宝制作营养均衡的辅食，食物之间的合理搭配，不仅营养互补，口味也可以相互调和。不会做饭的妈妈，可以经常做点较容易上手的花式粥，将肉、蛋、蔬菜加入米粥同煮，肉早点加容易熟烂，蔬菜要晚点加，以免维生素大量损失。一天食谱的设计，各类食材的分配，以下列两个阶段平衡膳食宝塔为准则。

	7~12 月龄	13~24 月龄
盐	不建议额外添加	0~1.5 克
油	0~10 克	5~15 克
鸡蛋	15~50 克 (至少1个蛋黄)	25~50 克
肉禽鱼	25~75 克	50~75 克
蔬菜类	25~100 克	50~150 克
水果类	25~100 克	50~150 克
继续母乳喂养，逐步过渡到谷类为主食		
母乳	700~500 毫升	600~400 毫升
谷类	20~75 克	50~100 克

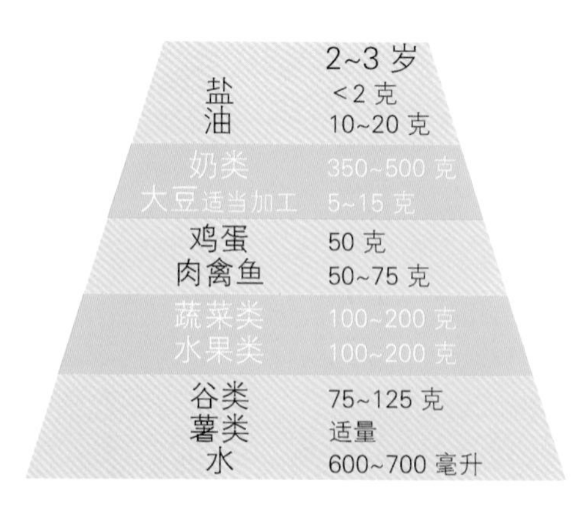

中国营养学会妇幼营养分会 2017 版中国婴幼儿平衡膳食宝塔

不满 6 月龄添加辅食，须咨询专业人员做出决定

优选食材

首选有食品质量监管标识、来源可靠、经营单位有信誉的食材原料，相对于三无食品，安全性更有保障。不使用人工手段催熟的蔬果，选择应季、新鲜食材。带皮果蔬可以去皮，或用淡盐水浸泡半个小时。

宝宝辅食要单独制作

宝宝辅食不要与成人食品混在一起制作，要根据宝宝发育的不同阶段调整食物性状,并考虑适合宝宝的营养搭配，以及会引起宝宝食欲的食物呈现状态，可以购买一些宝宝辅食专用工具。

料理机 VS 辅食机

相对于早先用勺子压碎食材制作泥糊类辅食，现在有了更便利的料理机，能同时搅拌多种食材，并且能把食材打得很细腻。不足的是，对于每次加入的食材的量有一定要求，太少不容易搅打成功。辅食机则是在料理机功能基础之上增加了蒸煮功能，每次放入少量的食材也能轻松打成糊状，不足的是辅食机在宝宝经过初期辅食添加后利用率不高。选购辅食机还是料理机，根据妈妈们自身需求而定。

辅食餐具，妈妈可别挑花眼

一套舒适有趣的宝宝专用餐桌椅，是让宝宝在一个地方好好吃饭的基础装备，一开始总会一片狼藉，大人要有耐心，宝宝尝试几次之后也会做得越来越好，要给宝宝自己学习的机会。在宝宝10个月左右，可以让他自己尝试用勺子吃饭，可以给宝宝用质地柔软的硅胶勺，有的还有感温功能，避免食物过烫伤到宝宝。宝宝2岁后可让他尝试学习筷或儿童专用筷。宝宝的碗，可以先是底部有吸盘的碗，不易打翻，再换有双耳把手的碗，可以让宝宝抓住，碗里食物不要超过1/3，以免打翻溢出烫伤宝宝。水杯可以从鸭嘴杯开始，慢慢过渡到吸管杯，2岁以后可以使用敞口杯。

提示

挑选宝宝吃饭所用的餐具重点看材质，要选择轻巧、安全无毒、不易碎、不易滋生细菌、可盛放任意性质食材并且耐热的材质，可以选择食品级塑料（PP）和硅胶，如果对餐具材质没有把握，可以暂时先用竹、木这种天然材质的，注意勤更换。出于安全性考虑，餐具图案花纹要尽量少，特别是内侧不要有图案。

主食（母乳、配方奶）和辅食怎么配合？

先喂辅食再喂奶

为了让宝宝形成正常的“饥”“饱”感觉，要给宝宝先喂辅食，再接着喂奶。如果将辅食安排在两顿奶之间，宝宝还没有“饥饿”感，对辅食会不感兴趣，进食量下降，没有形成真正“饱腹”感，到下顿奶时又未完全饥饿，对吃奶也提不起兴趣。持续性地缺失饥饿感会导致宝宝对食物兴趣降低，进而影响肠胃功能发育。

一次吃饱

吃完辅食，紧接着喂奶，让宝宝一次吃饱。刚开始添加辅食的时候，辅食的进食量有限，要补充奶才能让宝宝真正吃饱。这样也避免宝宝总是处在间断式半饥饿状态，老是要吃东西，不利于饮食规律的建立。

关于进食量

纯母乳时我们提倡按需喂哺，添加辅食的时候也要尊重宝宝的意愿，只要给宝宝建立好了饮食规律，宝宝身体发育健康、精神状态良好，即便有时吃少点，大人也不要焦虑，生怕宝宝饿着而进行强迫性进食反而对宝宝身体健康不利，也会导致宝宝产生厌食情绪。试想，大人自己也不是餐餐都吃得一样多，不想吃的时候受人压迫也会从身体到心理产生情绪反抗的。

宝宝吃吐了也不要慌张，刚开始添加辅食时，宝宝舌头运动不灵活，常会用舌头把食物推出口腔，吞咽技巧也掌握得不是很好，或者不适应用勺吃食物，多训练几次就好。当宝宝吃饱的时候，也会有这种拒绝食物的反应，换一种方法喂食的时候宝宝还是拒绝，喂养人就不要强行喂食了。

1岁半之前，辅食不可喧宾夺主

国际母乳协会建议母乳喂养最好到2岁，现实情况是很多妈妈通常在宝宝1岁的时候就给断奶了。这里提醒家长，只有在1岁半之前都以奶为主食，才能保证宝宝摄入相对高密度的能量，如果米粥面条之类低密度食物比例增加，宝宝摄入的总能量大大减少，将不利于宝宝正常生长。

宝宝6个月到1岁，每天奶量应在500~700毫升，1岁到1岁半不少于400毫升，之后包括人的一生每天都要进食300毫升的奶，即便宝宝很爱吃大人做的辅食，也不能一味地喂宝宝辅食，而忽略奶的供给。

菜泥果泥，好于菜汁果汁？

给宝宝添加蔬菜和水果的时候用蔬菜水和果汁，从食物安全和营养的角度来说，是不可取的。

菜水和果汁中几乎不含能锻炼胃肠道功能的膳食纤维，对宝宝身体发育没什么好处。不仅如此，蔬菜表面残留的农药、化肥、重金属元素会进一步溶于水中，一同被宝宝吃进肚子里。经常喝果汁，也容易让宝宝拒绝白开水。

将蔬菜和水果制成泥糊状喂给宝宝是比较安全而有营养的，一些水果和蔬菜比如梨、胡萝卜等，应蒸煮后，再压成泥糊喂给宝宝，所有制作和盛放器具都要经高温消毒。

咀嚼训练+口味引导，让宝宝爱上吃饭

宝宝的咀嚼能力是逐步发育完善的，与口腔小肌肉发育、牙齿的萌出有关，也与大人有意识地训练有关。开始添加辅食时，家长可以与宝宝面对面做出夸张的咀嚼动作，通过表演式的行为诱导，让宝宝逐步从模仿中学习。

很多人以为婴儿在没有长出一定数量的牙齿之前没办法吃块状食物，其实他们能够用牙龈和舌头把煮熟蒸软的块状食物磨成糊状，有时候宝宝会拒绝块状食物是因为缺少辅食的循序过渡，从泥糊状一下子提供给他块状食物，宝宝接受起来就会比较困难。没有经过充分咀嚼训练的宝宝，只能囫囵吞枣，也会不太容易接受块状食物。“吃了就吐出来”在家长眼里就成了“不爱吃饭”。

1岁之前都不要让宝宝接触盐、糖等调料，3岁幼儿才能完全和大人吃得一样，以免出现消化不良，影响营养素吸收。

妈妈在哺乳期的饮食也会影响宝宝对食物的选择，所以，除了会引起宝宝身体不适的食物之外，妈妈的饮食要尽量多样化。

宝宝的五感是相互作用的，选择新鲜、带有自然气息和天然芳香味的食物让宝宝多接触，并在制作辅食的时候突出令人喜欢的颜色、气味和味道，通过调配掩盖令人讨厌的气味，也可以通过相关的绘本故事强化宝宝对某些食物的好印象，待宝宝月龄大些，可以将食物制作成“有故事”的创意菜，一定会让宝宝倍感兴趣，食欲大增。

过敏、厌奶、腹泻、便秘……妈妈千万别抓狂

在给宝宝添加辅食的过程中，总会出现这样那样的状况，让本就疲累的妈妈抓狂。宝宝一天天长大，3岁前是整个成人过程中发展最快的时期，各种状况是帮宝宝成长为一个能独立抵抗外界环境的更好的人，妈妈们一定要冷静应对，帮助宝宝一起度过这个痛并快乐着的阶段。

过敏

3岁前宝宝处在添加辅食阶段，食物过敏是最常见的原因，吃某种食物后宝宝出现呕吐、腹泻和湿疹，就要考虑是过敏，只要按照我们之前提供的辅食添加方法，很容易就能找到原因，一个个排查、应对，如果确定宝宝对某种食物过敏，应停止食用这种食物至少3个月。

易过敏食物包括：奶类、蛋类、肉类、豆类、坚果类、花生、芝麻、玉米、小麦、菌菇、菠萝、芒果等。

厌奶

宝宝拒绝吃母乳或配方奶，除了长牙、贪玩等原因，还有可能是他接触了另一种或多种口味更好的食物。提醒家长，在辅食添加而又没断奶的时候，辅食不宜做得味道特别的好，夺去了宝宝对主食奶的依赖，这也是不宜过早给宝宝接触大人饭菜和果汁的原因。

腹泻

在辅食添加过程中，如果宝宝对新添加的某种食物不耐受，就会腹泻。宝宝出现腹泻时，不用完全停喂辅食，可继续喂米粉和菜泥，如果可能对某种辅食不耐受，维持已添加的量观察3天。情况若是好转，维持到宝宝恢复正常后再加量和添加新食物；若是加重，暂停几天再试，类似情况再次发生，更换辅食种类。宝宝受凉了也会发生腹泻，如果家长对腹泻原因不确定，可将宝宝大便用干净容器盛装后送医院检查，尽早找到原因，对症解决。

便秘

宝宝的肠道功能还没发育完善，出现便秘状况是很常见的。便秘可能是肠道菌群失调导致，也可能是饮食中缺少膳食纤维的摄入。前者可补充益生菌制剂（1岁内），也可让宝宝喝酸奶调理肠道菌群（1岁以上），应挑选蛋白质含量高而含糖量少的全脂原味酸奶，除了乳酸菌，其他添加成分尽量少。后者家长制作辅食的时候不要加工得过于精细，就可以让宝宝获取一定量的膳食纤维，比如不要给宝宝喝过多滤去纤维的蔬果汁。除了特殊情况，不需要给宝宝额外补钙，过多的钙质也会导致宝宝便秘。

偏食挑食

添加辅食初期给宝宝做好了口味引导能很大程度减少偏食挑食情况的发生，添加辅食的过程中不宜对某些食物喂得过多，最好在制作辅食的时候将几种食物混合做成复合味道，也有利于宝宝形成均衡的饮食习惯。如果大人自身偏食挑食，宝宝难免会受影响，家长的以身作则很重要。已经出现偏食挑食的宝宝，家长可用宝宝喜爱的食物作诱导媒介，如宝宝特别爱吃草莓，可以在辅食中添加些草莓泥糊或果汁，逐步减量，诱导宝宝摄入不爱吃的食物。

轻松度过断奶期

什么时候断奶比较好

国际母乳协会倡导“最好母乳喂养到2岁”，母乳任何时候都是有营养的，且经济卫生，1岁后的母乳喂养能巩固母子的亲密关系，帮助宝宝建立安全感。宝宝吃奶时的吮吸动作有利于宝宝触觉发展，从妈妈那里得到吮吸满足的宝宝很少吃手。

对妈妈而言，较长时间的母乳喂养还有利于产后瘦身、子宫恢复，今后乳腺癌和子宫内膜癌患病风险降低。

奶要怎么断

断奶要循序渐进，这样妈妈舒服，宝宝也不会闹，强硬断奶无论对宝宝身体还是情感都是伤害。当宝宝逐渐表现出对吃奶不感兴趣的时候开始尝试断奶，逐步减少喂奶量和次数，可以一顿给宝宝喂母乳，另一顿喂奶粉，这样会很自然。断奶时间可能会持续或超过3周，妈妈感到胀奶的时候，可以挤出一些乳汁，冷敷以缓解不适感，为了避免刺激更多乳汁分泌，千万不要将乳房排空。

减少了喂奶时候的亲密接触，妈妈要通过给予宝宝额外的安抚及相处时间，多和宝宝说话，来弥补宝宝情感上的失落，避免让他认为是妈妈不爱他，才不让他吃奶，爸爸和其他家人加入育儿工作也有利于宝宝减少对妈妈的依赖。

当宝宝有额外吸吮需求时，给他做个抚触，讲故事、唱儿歌，都是转移宝宝注意力的好办法，不要在宝宝面前换衣服，也不要穿容易哺乳的衣服。

当宝宝1岁以后可以尝试给他断夜奶，这样妈妈和宝宝都容易休息好，宝宝夜间的睡眠质量会影响生长发育。刚开始尝试，推迟临睡前那顿奶的时间，添加晚间辅食的可以让宝宝一次吃饱，减少夜间喂奶次数，并适量用白开水替代。宝宝夜间的翻身、哭闹并不一定是饿了，有时候妈妈的拥抱安抚会让宝宝尽快安静下来。

宝宝长牙啦，妈妈注意

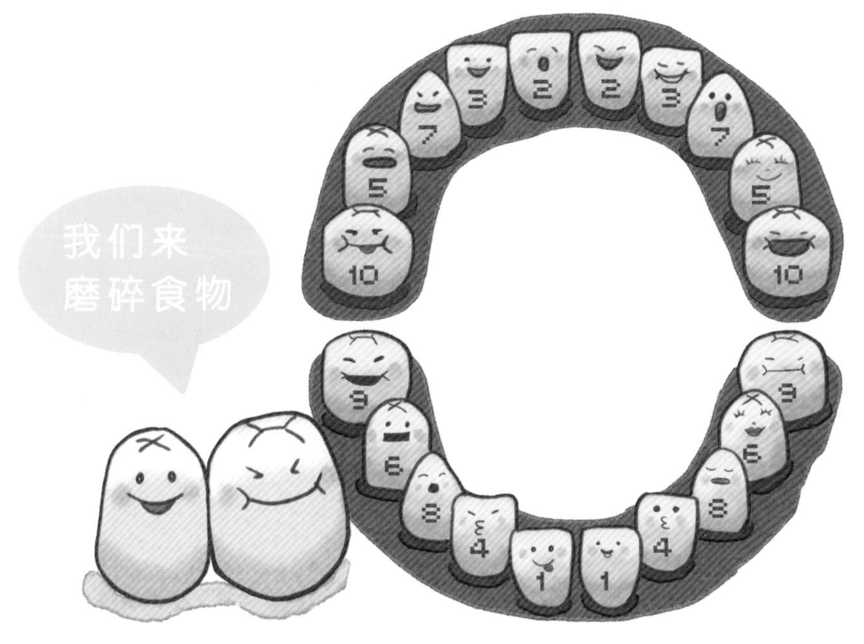

出牙和添加辅食的时间不谋而合，宝宝的乳牙通常在6~8个月时候开始萌出，也有4个月开始萌出牙齿的孩子，晚的可能到10~12个月才萌出，孩子的发育状况不能一概而论。1岁之内一颗乳牙也未萌出者，医学上称为乳牙晚萌，多与营养不良、缺钙、缺维生素D有关，可以给宝宝补钙和维生素D，并多晒太阳。咀嚼训练可以促进宝宝乳牙萌出。通常宝宝开始长牙会有下列征兆：

流口水，及由此引起嘴巴四周皮疹；

用手抠嘴；

牙龈红肿、发炎；

啃咬各种物体；

烦躁不安；

夜里醒来次数增多；

吃饭时吵闹不停。

很多现象都是由出牙疼痛引起，大人要做好抚慰工作，给宝宝一个安全可以啃咬的牙胶或磨牙棒，咀嚼产生的压力可以缓解疼痛。

辅食添加从泥糊到大块状循序变换性状，也是为了适应宝宝不同阶段牙齿发育的状况，牙齿萌出后开始提供颗粒状辅食，磨牙萌出后提供块状辅食，是比较符合宝宝生理发育情况的。鉴于宝宝出牙有早晚，家长可对照调整。

补铁补钙补锌……到底该怎么补？

中国家长十分重视给孩子补充营养，很多甚至给年幼宝宝吃各种补充制剂、保健品，其实，只要饮食均衡（这是宝宝一切营养补充的基础），宝宝生长发育良好，没必要额外补充微量元素制剂，希望通过检测微量元素发现宝宝缺啥再补啥的方法也是不可取的。有必要给宝宝额外补充微量元素制剂，也需要在医生指导下进行。

补铁

母乳的含铁量很低，孩子体内存储的铁在6个月后几乎就消耗完了，如不及时补充，容易出现缺铁性贫血。所以在4~6个月阶段给宝宝添加的第一口辅食是强化了铁的米粉。奶瓶喂养的宝宝如果吃的是强化铁的配方奶，那就更好。在稍后添加的辅食食谱中，也要注意含铁丰富食物的摄取，如动物内脏、动物血、瘦肉，维生素C能促进铁吸收，也要同时多吃富含维生素C的食物，如橙子、猕猴桃。

补钙

对于吃奶正常（母乳喂养和/配方奶喂养）的宝宝，6个月后开始添加辅食，不需要额外补充钙。维生素D是一种促进钙吸收的物质，3岁以内的孩子要保证每天维生素D 400IU。如果补的钙超出了宝宝自身的需要，多余的钙会在身体内积存起来，给宝宝的身体带来危害，轻者引发便秘，严重者会出现肾结石等病症。

补锌

宝宝如果体内缺锌，就会表现为食欲不振、长皮疹、情绪烦躁爱哭闹、体重减轻等。锌是人体代谢和免疫功能不可缺少的物质，但如果大量补充铁和钙，就会影响宝宝对锌的吸收，钙、铁、锌补充过量又都会影响宝宝对其他微量元素的吸收，最好的补充微量元素的办法就是给宝宝提供均衡的饮食。海鲜、红肉（猪、牛）、鸡蛋、牛奶和豆类、坚果等食物中锌含量都较为丰富，动物蛋白质能促进锌在人体中的利用，多食用前几种食物效果更佳。

补维生素 A

维生素 A 是宝宝的视力和上皮组织发育不可缺少的物质，但提醒家长注意的是，维生素 A 属于脂溶性维生素，补充过量就会在体内堆积，引起中毒反应。维生素 A 的补充首先选择食补。胡萝卜、南瓜、菠菜等橙黄色和绿色蔬菜水果中胡萝卜素含量丰富，进入人体可转变为维生素 A，不会蓄积过量，比单纯补充维生素 A 安全。

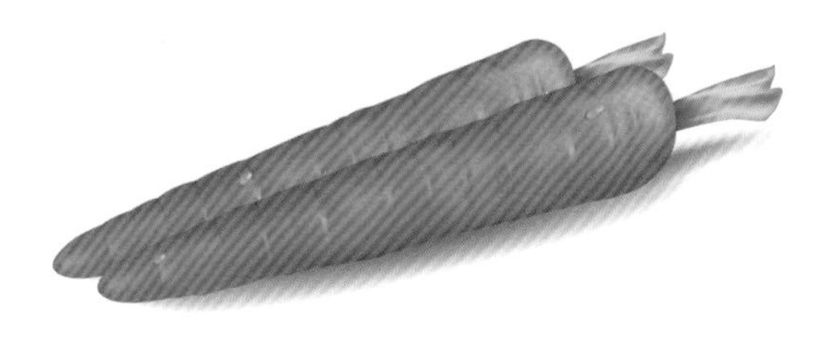

补 DHA

婴儿的大脑和视网膜发育都需要 DHA，很多家长认为给宝宝补充越多 DHA，宝宝就能越聪明，DHA 是多不饱和脂肪酸，属于脂肪，人体摄入过多就会作为能量消耗掉，不是多多益善。母乳是 DHA 最佳来源，宝宝在 2 岁内母乳或配方奶足够，且辅食营养均衡，不需要额外补充 DHA 制剂。2 岁后可根据情况补充藻类 DHA，很多家长会给宝宝补充鱼油，其实鱼油是含 DHA 产品，而藻类是纯 DHA 产品，而且鱼油所含 EPA 对老年人有益，对婴幼儿则不利。

一招判断辅食添加效果

添加辅食是为了满足宝宝生长发育的需求，使宝宝更好地成长，由此，判断辅食添加效果就要看宝宝生长发育情况，而不是关注宝宝每餐吃多少，是不是比别的孩子吃得少。

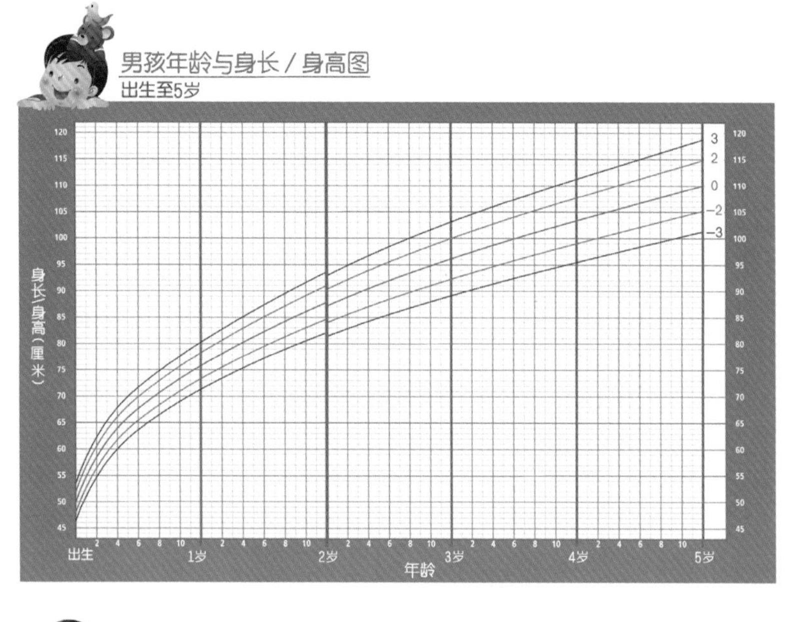

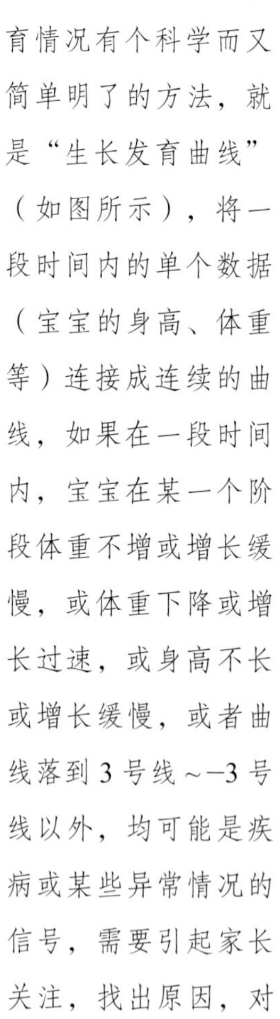

判断宝宝生长发育情况有个科学而又简单明了的方法，就是“生长发育曲线”（如图所示），将一段时间内的单个数据（宝宝的身高、体重等）连接成连续的曲线，如果在一段时间内，宝宝在某一个阶段体重不增或增长缓慢，或体重下降或增长过速，或身高不长或增长缓慢，或者曲线落到3号线～−3号线以外，均可能是疾病或某些异常情况的信号，需要引起家长关注，找出原因，对症解决。

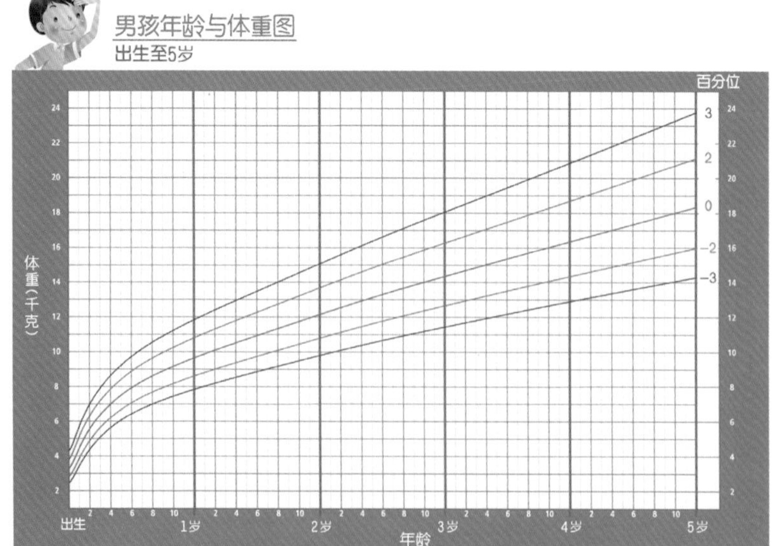

图片来源：http://www.who.int/childgrowth/standards

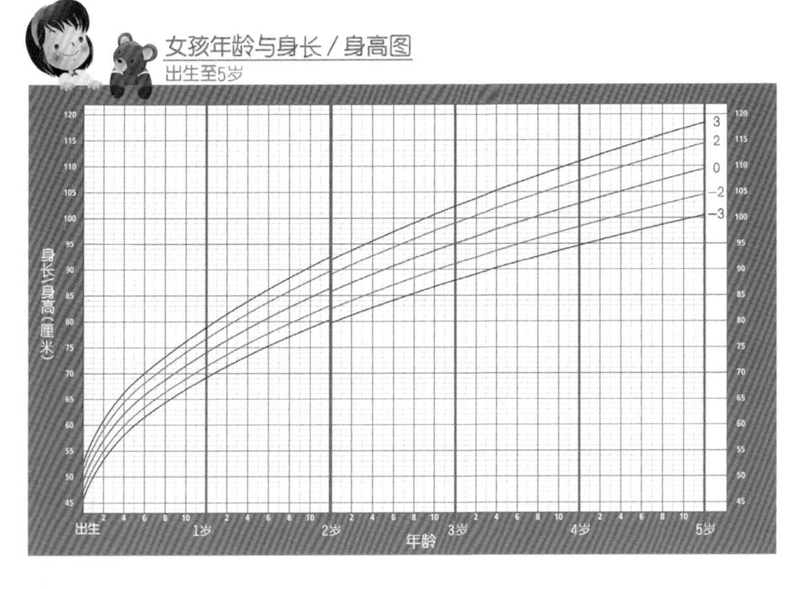

可在宝宝出生后每个月各量一次身高和称一次体重，1~3岁每隔半年进行一次，将每次结果都标在生长发育图上，描成身高曲线和体重曲线。

宝宝的身高曲线与标准身高曲线平行，表示生长速度正常；身高曲线平坦，则表示生长缓慢，通常情况下，身高曲线是不会向下的，除非测量的方法不精确。体重曲线与标准体重曲线平行，表示生长速度正常；体重曲线平坦或向下，则表示生长缓慢。

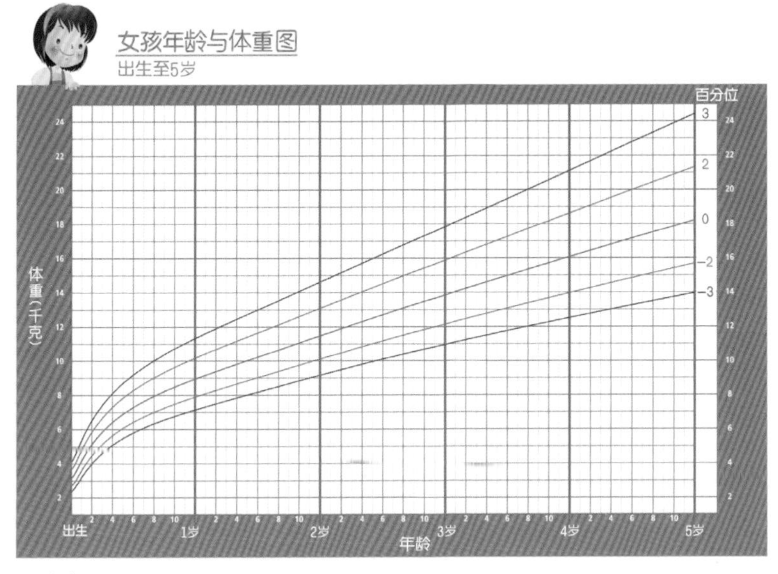

图片来源：http://www.who.int/childgrowth/standards

测量身高的方法：宝宝平躺在水平面上，一人两手扶住宝宝的头，使之两耳保持在同一水平面，另一人则一手按住宝宝的膝关节，使之伸直紧贴桌面，用软尺测量头顶至足底的距离即为宝宝身长，读数精确到0.1厘米。

测体重的方法：宝宝空腹，最好排去大小便，为了避免宝宝着凉，称重时可包裹衣物和尿布，之后再减去衣物和尿布的重量得到净重。一般来说，宝宝3个月体重是出生时的2倍，1岁的体重是出生时的3倍。

只要身高、体重曲线在正常范围内（3号~-3号），家长不用刻意与标准体重去比较。

宝宝不爱吃蔬菜，妈妈这么办

宝宝不喜欢吃蔬菜是比较常见的现象，或者是由于蔬菜特别的气味宝宝没法接受，或者是由于纤维素没有足够软化，粗糙的质地让宝宝难以下咽和消化，特别是小月龄宝宝，如果食物性状不符合该阶段宝宝发育特点，宝宝就会比较抗拒，还有可能动物食品的口感和味道都要好过蔬菜，很多大人也会这么认为。

给妈妈支招

1. 在宝宝适应米粉后不久，往米粉中添加蔬菜糊，混合的味道会部分掩盖蔬菜原有的特殊气味；等宝宝大点，可以往粥、面条中混入蔬菜碎末；再大点，可以将蔬菜作为饺子、馄饨馅料的一部分。

2. 把蔬菜打成汁和面，做成五颜六色的蔬菜面条，或者各色蔬菜搭配在一起做成五彩缤纷的一道菜。在宝宝 1 岁半之后，还可以将蔬菜做成创意料理，有造型有故事，都会引起宝宝的兴趣。

3. 一些蔬菜可以生吃，比如，番茄、黄瓜等。

4. 多提供给宝宝富含维生素、矿物质和膳食纤维的其他食物，以弥补蔬菜摄入的不足，如水果、五谷杂粮。土豆和红薯维生素 C 含量也较为丰富，是蔬菜中宝宝比较乐于接受的，可以多提供些。

5. 让大宝宝加入择菜洗菜，或带他到田间观察蔬菜，通过宝宝自身的体验引起对蔬菜的兴趣。大人要以身作则，爱吃蔬菜，并经常说起吃蔬菜的好处，运用与蔬菜有关的绘本故事。

让宝宝爱吃饭的小妙招

创造良好的进餐氛围；

将食物变得有趣；

让宝宝尽早学会自己吃饭；

善用故事引导；

不强迫进食；

增加活动量；

咀嚼训练 + 口味引导，口腔按摩；

大人温和而坚定的态度，并以身作则。

良好饮食习惯让宝宝受益一生

很多家长喜欢给宝宝喂饭，宝宝两三岁了还要给他喂饭，不喂就不吃，这对宝宝的成长是有多方面影响的。宝宝的身心都在飞速发展，自由探索是宝宝的天性，行为能力的建立需要家长适当地引导。

喂饭对宝宝造成的五大危害

失去探索世界、自我成长的主动性；

对他人依赖，责任心缺失；

从小边玩边吃，长大做事专注力不够；

失去身体发育的锻炼机会，咀嚼、手眼协调、动作平衡；

超重或肥胖。

良好饮食习惯的建立

一套能让宝宝安心吃饭的餐桌椅和餐具，饮食有规律，不随意给零食；

7个月，自己抓握食物；

8个月，自己抓取食物；

9个月，小颗粒状食物锻炼宝宝咀嚼能力；

10个月，锻炼小手精细动作；

11个月，大颗粒状辅食，进一步锻炼咀嚼能力，耐心等待宝宝细嚼慢咽；

1岁以上，让宝宝参与食物的准备和制作。

注：具体月龄要根据自家宝宝情况调整，每个孩子发育情况都不一样。

去早教不如下厨房

很多宝宝会对厨房感兴趣，爸爸妈妈是怎么把一道道美味可口的食物从里边端出来的？那真是一个神奇的魔法盒子啊！让宝宝尽早参与符合年龄特点的家务，对宝宝成长有利。

给宝宝准备1条围裙，1套宝宝专用厨房用具，没有危险的大人用具也可以给宝宝用，再准备一个相对安全的工作区，提供给他能力范围内能做的材料。手撕青菜是锻炼宝宝精细动作的很好方法，既帮大人分担家务，又不搞破坏；涂抹酱料也是需要手眼协调的活儿；玩面团宝宝能玩上好长时间，想象力、思维力、创造力和塑形能力都锻炼了。

经过厨房活动的宝宝，以后在涂鸦画画、提笔写字、创造性和动手能力方面都会有更好的发展，建议在宝宝1岁以后就可以尝试让他参与厨房活动了。

这些错误饮食观念，很多年轻妈妈也有

用奶、果汁等冲调米粉

很多家长为了使宝宝更快接受米粉，或者为了使宝宝吃得更富有营养，往往会用奶、果汁等来冲调米粉，这样会使营养密度过高，增加宝宝肠胃负担。正确的方法是先用温水调制米粉，等宝宝接受后，再加入菜泥、果泥、肉泥、蛋黄泥制作成复合口味的辅食给宝宝食用。

用奶瓶给宝宝喂米粉

添加辅食其实不仅仅是丰富宝宝的食谱内容，营养摄取更全面丰富，还是一个宝宝行为能力训练和发展的过程。宝宝要从吞咽学会蠕嚼，完成向咀嚼发展的第一步，奶瓶是没法帮宝宝进行这方面训练的。勺子入口也是一个需要手眼协作的过程，宝宝会从模仿中学习，再到10个月左右就可以自己体会，并从实践中进一步学习和掌握了。

多吃菜，少吃米粉和米饭

有些宝宝不爱吃饭，大人也觉得没什么，只要好好吃菜就行了，这和很多大人强调多吃菜少吃饭，认为菜更有营养的观念如出一辙。主食能够给宝宝提供身体生长发育和活动所需要的能量，菜中的维生素和微量元素并不能提供能量，如果总是多吃菜少吃主食，久而久之，容易造成宝宝生长迟缓。

奶大部分是水，不用额外补水

在还没有添加辅食的时候，宝宝会自己调整需要的奶量，摄取足够的水分，通常是不需要额外补水的。但在气候干燥、气温高的天气条件下，如果宝宝的尿液发黄、尿量减少，要注意给宝宝补水。进入辅食添加阶段后，每次吃完辅食后，也要让宝宝喝几口水，有助于清洁宝宝口腔。不要觉得宝宝一开始抗拒白开水就给他加入些蜂蜜和果汁，这样宝宝以后会更加不爱喝白开水了。

零食弥补正餐不足

宝宝不好好吃饭，喜欢吃零食，很多家长就会很随意地给他吃零食，特别是吃得少的宝宝，家长希望通过零食来弥补，特别是隔辈育儿，生怕饿着宝宝，最终使宝宝养成一个不好的饮食习惯。零食不是绝对不能给，要选择一些有营养的零食，如水果、奶制品、小面点、强化营养的小饼干等，控制量和频率就可以。

盲目补充各种营养保健品

天然食物的营养丰富岂是提炼一两个特殊成分的人工产品能比较的？均衡的饮食才是宝宝身体均衡发展的基础，很多营养成分都是协同作用的，人体是个复杂的机器，自然生长的食物也不简单，很多营养保健品的功能性成分还是科学家们一直在探索的。

让宝宝过早接触成人饮食

如果宝宝还在辅食添加阶段，一旦接触过大人的重口味饭菜，就会觉得辅食寡然无味，比较抗拒了。即便在宝宝2岁以后开始让他尝试大人饭菜了，也要注意菜不要做得太咸，吃得太咸会伤害肾脏，特别是宝宝的肾脏还没有发育得很完善。

吃饭要和别人比

每一个孩子都有自己的成长规律，只要根据自家宝宝的生长发育曲线进行监测，没有异常状况，精神也很好，就不用纠结吃多少的问题，更不要去跟别的孩子比较。家长也要更关注进餐氛围以及饮食是否可口，还有自己的喂养方式有没有问题，很多问题孩子是问题家长带出来的，多从自身找原因。

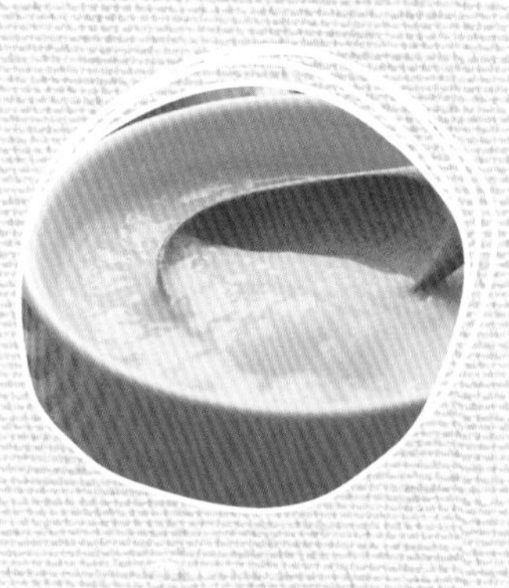

第二章

♡ 6个月，米粉是第一口最佳辅食 ♡

大多数宝宝这个阶段能坐起来了，小脑袋能灵活转动，单纯的奶也不再能满足宝宝生长发育的需求，辅食添加的关键时期到了！

每周辅食添加攻略

6个月内的宝宝胃容量小，饿得快，提倡按需喂奶,再逐步过渡到定时定量，间隔4~5小时喂一次，建立饮食、睡眠规律。到了添加辅食的时候，要保证每天500~700毫升的奶量，其中夜奶根据情况喂哺。

这个时期的宝宝处于吞咽期，辅食为流质、半流质、稀软泥糊，可以添加谷类、蔬菜、水果。

辅食添加信号

大人吃东西的时候，宝宝一直盯着看、吞咽、流口水、砸吧嘴、伸手去抓大人的食物；

宝宝玩玩具的时候经常把玩具放嘴里，模仿大人吃东西的样子，口水把玩具都弄湿了；

有段时间体重增长偏缓。

第一次添加辅食

这个阶段主要还是以母乳和配方奶为主，辅食在日常奶量以外添加，宝宝辅食添加情况不好,妈妈也不用太焦虑。这时候宝宝体内的铁储存已经消耗得差不多，第一口辅食应是强化了铁的婴儿米粉。

为了保证宝宝尽快适应辅食，刚开始添加辅食应安排在两顿奶之间，这样不会因为宝宝拒食造成妈妈和宝宝情绪不佳，影响奶的喂哺，从而影响宝宝的食欲和进食量，打乱喂养节奏。

刚开始添加辅食从每天喂一两小勺，逐步过渡到小半碗，从每天1次增加到每天2次。不需要太多的食物花样，一次添加一种食物，观察3天，宝宝没有不适反应，再添加另一种。如果有呕吐、腹泻等过敏症状，立即停食该种食物至少3个月，再继续尝试。

拒食

首先，需要了解宝宝不愿意吃辅食的原因，是宝宝还没有掌握吃辅食的技巧，还是不爱吃这种新食物，宝宝情绪不佳的时候也会拒食。宝宝用舌头将勺子和食物顶出来是最自然的身体反应，当宝宝从吸吮进食转变到接受用勺子喂食，总是需要一个适应过程。如果宝宝之前就已经接受用勺子喂奶、喂水，这个过程会更快过渡。

妈妈或其他喂养人需要掌握些辅食制作和喂养技巧，以便制作出更符合宝宝口味的辅食，也更容易喂食。食物的温度保持在温热状态，不宜太烫和太凉，宝宝更容易接受；勺子大小适合宝宝入口，要注意勺子不能过深地进入宝宝口中，以免引起宝宝呕吐反应，多次尝试以便掌握喂食规律。

一周食谱举例

餐次 周次	第1顿	第2顿	第3顿	第4顿	第5顿	第6顿
周一	母乳或配方奶	米粉	母乳或配方奶	母乳或配方奶	米糊	母乳或配方奶
周二	母乳或配方奶	米粉	母乳或配方奶	母乳或配方奶	米糊	母乳或配方奶
周三	母乳或配方奶	米粉	母乳或配方奶	母乳或配方奶	米糊	母乳或配方奶
周四	母乳或配方奶	米粉	母乳或配方奶	母乳或配方奶	胡萝卜米粉	母乳或配方奶
周五	母乳或配方奶	米粉	母乳或配方奶	母乳或配方奶	胡萝卜米粉	母乳或配方奶
周六	母乳或配方奶	米粉	母乳或配方奶	母乳或配方奶	胡萝卜米粉	母乳或配方奶
周日	母乳或配方奶	米粉	母乳或配方奶	母乳或配方奶	圆白菜米糊	母乳或配方奶

注：表中所有辅食在本书第42页、44页，均有制作方法。

妈妈要注意的问题

1. 宝宝不同阶段米粥，米与水的比例

月龄	6个月 吞咽期	7~8个月 蠕嚼期	9~10个月 细嚼期	11个月~1.5岁 咀嚼期	1.5岁以上
米水比	7~10倍米量的水，稀烂粥	5倍米量的水，软粥	4倍米量的水，硬粥，10个月尝试3~4倍米量做成的软烂米饭	3倍米量的水，软饭	1.5倍米量的水，向大人饭过渡
20克米对应用水量	200毫升	100毫升	80毫升	60毫升	30毫升

2. 进食量由少到多

宝宝对辅食的适应有一个过程，刚开始尝试少量喂食，食物性状也要更接近于奶，调米粉可以调得稀一些，让宝宝自己慢慢吸吮、品尝，逐步掌握吞咽技巧，再加大喂养量和食物黏稠度。

3. 从淡味到甜味

每种食物都有自己的特有味道，有些寡淡，有些甘甜，有些酸涩，刚开始给宝宝添加辅食可以遵循谷—淡味蔬菜—淡味水果—甘甜味蔬菜—甘甜味水果的顺序。宝宝对甜味食物总是容易偏爱，一旦尝试了甜味水果，要想让他接受寡淡的蔬菜就不那么容易了。

4. 水果由熟到生

宝宝肠胃功能还没发育完善，有些水果，如苹果、梨等刚开始添加时都应该蒸煮熟了给宝宝吃，逐渐再给他食用生鲜水果。生鲜水果和熟蔬菜不宜混吃，这对肠胃不好的大人也是种考验。

5. 腹泻、便秘、厌奶

腹泻的宝宝，停止添加辅食，减少喂奶量，延长两次喂奶的间隔时间，让宝宝肠胃得到休息。人工喂养的宝宝，腹泻严重并伴有呕吐的，应禁食6~8小时，待情况好转，用米汤调理肠胃，待情况好转再恢复正常饮食。

便秘的宝宝，要保证宝宝一定的活动量，可以给宝宝做做抚触、捏脊、推拿，添加辅食后就可以训练定时排便的习惯，辅食已经添加红薯的可以给宝宝食用红薯，有利于排便。

添加辅食后不吃奶的宝宝，有可能是因为辅食吃得过多，宝宝没有饥饿感，影响了吃奶的欲望，因此当宝宝饥饿后，先喂奶再喂辅食，并减少辅食的量。添加辅食后，喂给宝宝的奶量减少，导致宝宝体内乳糖酶减少，吃奶时容易腹胀、腹泻，也会影响他对奶的食欲，严重的要求助医生，用益生菌调理。

6. 关于米粉

市售米粉强化了铁，这是自制米粉不能具备的，选购市售米粉需注意品牌、质检标志、生产日期和保质期，可以购买单一口味的，自己添加新鲜的蔬菜泥和水果泥，这样可以保证新鲜水果、蔬菜中的水溶性维生素被宝宝摄入。

米粉可以吃到宝宝可以喝粥吃肉泥的阶段，瘦肉、肝脏中富含血红素铁，可以帮宝宝补铁，而且这个时期的宝宝也不再满足于稀糊状的食物。

含铁婴儿米粉

食材准备

含铁婴儿米粉适量
温水适量

做　法

取一个沸水消毒的小碗，倒入温开水，米粉按比例倒入，边倒边搅拌，防止米粉结块。

小叮咛

过凉的水冲泡米粉会使米粉结块，米粉在冬天凉得很快，家长要用勺子从表层一层层往下舀着喂。

胡萝卜米粉

食材准备

含铁婴儿米粉 30 克
胡萝卜泥 30 克
温水适量

做　法

胡萝卜洗净、去皮、切丁，上锅蒸熟蒸软。加少许温水，用搅拌机打成泥糊状，加入冲调好的米粉，搅拌均匀。

专家点评

胡萝卜富含胡萝卜素，进入宝宝体内会转化为对视力发展和皮肤健康有利的维生素 A，这是一种溶于油脂才能更好被吸收的物质。吃完辅食紧接着吃奶，奶中有丰富的脂肪，能促进维生素 A 的吸收。

大米汤

食材准备

大米 50 克

做　法

大米淘洗后，加 10 倍米量的水煮成粥，舀取上层不含米粒的汤。

油菜米汤

食材准备

大米 50 克

小油菜 1 棵

做　法

将小油菜洗净、切小段，放到沸水烫熟，用搅拌机打成泥，混入做好的米汤搅匀。

番茄米汤

食材准备

大米 50 克

番茄 1 块

做　法

将番茄洗净、去皮，用搅拌机打成泥，混入做好的米汤搅匀。

米糊

食材准备

大米 15 克

做　法

大米淘洗后，用温水浸泡 2 小时，捞出倒入搅拌机，加少许水搅打成米浆，倒入小锅，加 8 倍米量的清水，小火加热，期间不断搅拌防止糊锅，米浆沸腾后再煮 2 分钟即可盛出。

圆白菜米糊

食材准备

大米 15 克

圆白菜 1 片

做　法

圆白菜洗净，放沸水中烫熟，放入搅拌机，加点做好的米糊，搅打成泥。

苹果米糊

食材准备

大米 15 克

苹果 1 块

温水适量

做　法

苹果洗净、去皮，切取一小块，蒸熟，放入搅拌机，加点做好的米糊，搅打成泥。

红薯糊

食材准备

红薯1块
温水50毫升

做　法

红薯洗净、去皮、切小块，蒸熟，放入搅拌机，加温水搅打成泥糊。

专家点评

红薯也有丰富的胡萝卜素，还富含多种维生素，相对于南瓜而言，其中的纤维素更不容易消化些，建议用搅拌机制作，其中的纤维会被打得更细碎些。

南瓜糊

食材准备

南瓜1块
温水50毫升

做　法

南瓜洗净、去皮、切小块，蒸熟，放入搅拌机，加温水搅打成泥糊，或蒸熟后用勺子压成泥，再用温水调匀。

小叮咛

南瓜蒸熟后很容易压成泥，如果家里没有搅拌机，用勺子凸起的一面慢慢地一点点压也是可以的，压好再加温水调制，成品会更均匀细腻。

小米粥

食材准备

小米 100 克

做　法

小米淘洗后用清水浸泡半小时，加米量 7~10 倍的水，煮成稀烂的小米粥。

小叮咛

先给宝宝喂上层稀一点的小米粥，待宝宝接受了，再舀些底层稠的小米粥。

南瓜小米粥

食材准备

小米 100 克

南瓜 50 克

做　法

南瓜洗净、去皮、切小丁，蒸熟后用勺子压成泥，混入煮好的小米粥搅匀。

专家点评

南瓜和小米都有丰富的胡萝卜素，调和食用，对宝宝来说，又是一种新的口感，添加辅食的最初阶段，可选的食物就那几样，多变换花样，宝宝就不会腻烦。

藕粉羹

食材准备

藕粉适量
凉开水适量
热开水适量

做　法

藕粉放入碗中，倒入少许凉开水，边倒边搅匀，将刚烧开的水一次冲泡，边冲边搅匀，待呈现透明状，放置片刻待温热时即可食用。

白萝卜藕粉羹

食材准备

藕粉适量
白萝卜 1 块

做　法

白萝卜洗净、去皮、切块，蒸熟后用搅拌机搅打成泥，混入调好的藕粉羹中搅匀。

雪梨藕粉羹

食材准备

藕粉适量
雪梨 1 块

做　法

雪梨洗净、去皮、切块，上锅蒸 3 分钟，用搅拌机搅打成泥，混入调好的藕粉羹中搅匀。

Excuse me

糊向泥过渡的7个月，小手自己来

随着宝宝月龄的增长，初期流质、半流质的辅食不再满足宝宝的小胃口了，需要更高的营养密度和更粗糙的质地，使宝宝更好地生长发育，同时口腔和肠胃功能得到锻炼。

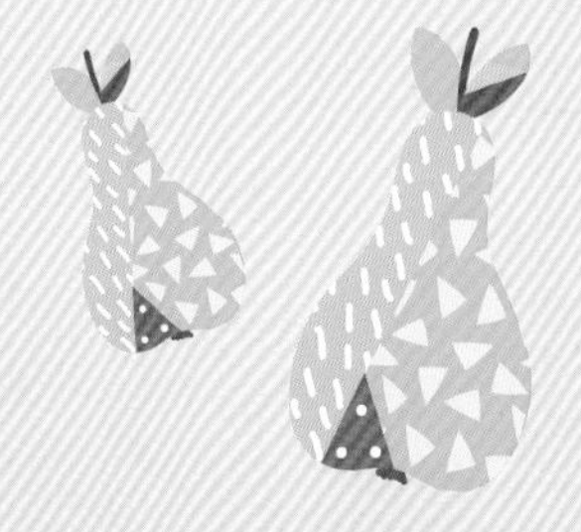

每周辅食添加攻略

刚开始添加辅食为了宝宝能适应，安排在两顿奶之间，之后要慢慢调整。可以在宝宝早上醒来的时候先喂他吃粥羹类辅食，加适量奶，逐渐过渡，辅食吃完紧接着喂奶，一次吃饱。由一天2次辅食逐渐向一天3次辅食过渡，其中一次可以是水果泥，这样可以帮助宝宝建立正常的三餐饮食规律。奶量还要保证在每日500~700毫升。

这个时期的宝宝处于蠕嚼期（舌嚼碎+牙龈咀嚼），辅食为稍厚的泥糊，可用手抓握，满足宝宝小手向外探索的欲望，也是手部精细动作锻炼的开端。给宝宝准备好围兜做好防护措施，而不是对宝宝探索自己吃饭这一过程加以阻止。

可以添加鱼肉、禽肉（先尝试鸡肉，鸭肉比鸡肉更容易导致宝宝过敏）、粗粮，宝宝月龄在七八个月的时候可以给宝宝尝试小麦面条，小麦中也含有易使宝宝过敏的蛋白质，注意观察。

千万叮嘱

这个时期的宝宝消化系统还不完善，先给予肉质细嫩的鱼和禽肉，接着再添加含有较多脂肪的畜肉，畜肉中牛肉的脂肪含量相对较少，但由于牛肉纤维较粗，宝宝不易消化，要晚于猪肉添加。

提示

食谱中的每一道辅食都可以灵活调换，可以选择本阶段新添加的辅食，可以选择之前制作过的辅食，也可以加点自己的巧思翻新一下，只要掌握一个原则：根据每个季节的特点选择应季的辅食。春天要多吃蔬菜，提升免疫力；夏天多汤水，可以消暑；秋天要多吃水果，生津润燥；冬天多吃热量高的食物，多温补。应季主要指蔬菜水果不要选择反季节上市的，可参考附录时令蔬果速查表。

一周食谱举例

周次＼餐次	第1顿	第2顿	第3顿	第4顿	第5顿	第6顿
周一	红薯糊（P045）	母乳或配方奶	鳕鱼汁大米粥（P056）	母乳或配方奶	小勺刮取苹果泥	母乳或配方奶
周二	南瓜糊（P045）	母乳或配方奶	鳕鱼汁大米粥（P056）	母乳或配方奶	小勺刮取苹果泥	母乳或配方奶
周三	米糊（P044）	母乳或配方奶	鳕鱼汁大米粥（P056）	母乳或配方奶	小勺刮取苹果泥	母乳或配方奶
周四	土豆苹果泥（P054）	母乳或配方奶	小米粥（P046）、鳕鱼肉泥（P057）	母乳或配方奶	小勺刮取香蕉泥	母乳或配方奶
周五	胡萝卜南瓜泥（P054）	母乳或配方奶	菠菜泥大米粥（P056）、鳕鱼肉泥（P057）	母乳或配方奶	小勺刮取香蕉泥	母乳或配方奶
周六	紫薯泥（P055）	母乳或配方奶	南瓜小米粥（P046）、鳕鱼肉泥（P057）	母乳或配方奶	小勺刮取香蕉泥	母乳或配方奶
周日	雪梨藕粉羹（P047）	母乳或配方奶	燕麦粥（P059）、鳕鱼豆腐泥（P057）	母乳或配方奶	土豆苹果泥（P054）	母乳或配方奶

注：食谱后括号中页码为食谱制作方法所在页码。

妈妈要注意的问题

1. 有的宝宝已经长牙

每个宝宝都有自己的发育时间表，对于已经长牙的宝宝，妈妈在给宝宝准备的辅食中应注重食物性状能满足宝宝咀嚼功能的锻炼，菜泥、果泥、肉泥可以做得稍粗糙些，用于磨牙。同时，帮助宝宝做好口腔清洁，减少夜奶的喂哺，带宝宝多晒太阳。减少夜奶除了保护宝宝的牙，也是为彻底断夜奶做准备，让宝宝有个适应的过程。

2. 适量给予粗粮

粗粮中含有精米白面中缺少的一些 B 族维生素，营养更全面，给宝宝适当吃些粗粮，可以锻炼宝宝的咀嚼功能和肠胃功能。有的宝宝吃了粗粮后有腹胀和排气现象，这是宝宝的肠胃正在适应这种粗糙的食物，是正常的。每日粗粮喂养量不宜超过 15 克，并且要粗粮细作，可以煮粥、磨粉做糊做泥，或加入汤羹类辅食中。燕麦、糙米、紫米、玉米、各种豆类（黄豆、绿豆、红豆等）、蔬菜根茎类（红薯、山药、土豆等）都属于粗粮，其中豆类和玉米要在宝宝 1 岁左右添加，豆类和玉米中所含蛋白质容易使宝宝过敏。

3. 关于肉

这个阶段可以给宝宝逐步添加各种肉类，结合易致敏风险、宝宝对该食物的营养需求和被宝宝消化的难易度，添加顺序应该是鱼肉—鸡肉—鸭肉—猪肉—虾—牛肉—羊肉—无壳水产品（墨鱼、鱿鱼、章鱼）—带壳水产品（各种贝类、螃蟹、龙虾），鱼肉以刺少、污染少、营养价值高的深海鱼为首选。真正的鳕鱼是非常适合作为宝宝首选添加的鱼肉辅食，价格也相对较高，市场上有价格低廉的假鳕鱼，要注意鉴别。

4. 食欲减退、厌食

宝宝在适应了辅食之后的某个阶段，突然出现不想吃辅食的情况，首先要排除宝宝生病、情绪不佳等因素，有可能是饮食、睡眠规律被打乱，或者是制作的辅食比较单调，也可能是出牙引起的不适。除此之外，喂养人的强迫进食，也会让宝宝产生逆反心理。

5. 食物种类和制作花样的配合

随着辅食添加的进行，宝宝对食物会越来越挑剔，有的妈妈心急了，就会一次给宝宝好几种之前没有尝试过的新食物，认为这样可以引起宝宝的兴趣。要注意，至少在宝宝1岁前，食物都应该是一种一种地添加，特别是富含蛋白质的高致敏食物，而且每添加一种食物要观察3天，宝宝没有不适反应再添加另一种。

可以在每种食物制作的花样上下工夫，引起宝宝的进食兴趣。比如同样是土豆，今天可以做土豆泥，明天可以混合苹果泥，后天可以做土豆汤，外观性状的变换同样会引起宝宝的兴趣。

胡萝卜南瓜泥

食材准备

胡萝卜 1 块
南瓜 1 块

做　法

将胡萝卜、南瓜洗净去皮切块，蒸熟，用搅拌机打成泥。

专家点评

胡萝卜与南瓜颜色接近，制泥方法相同，可以混在一块搅打成泥，简便易行。胡萝卜的特殊味道是很多宝宝可能会抗拒的，与南瓜调和，则会部分掩盖这种味道，两者都富含胡萝卜素，对宝宝视觉发育有利。

土豆苹果泥

食材准备

苹果 1 个
土豆 1 个

做　法

1. 土豆洗净、去皮、切小块，蒸熟，用搅拌机打成泥。

2. 苹果洗净、去皮，用不锈钢勺子刮出 2 勺果泥，与土豆泥混匀，再上锅蒸 3 分钟。

小叮咛

土豆和苹果果肉接触空气很快会被氧化产生褐色物质，去皮后接下来的步骤要快，苹果有一个侧面去皮能刮泥即可。

紫薯泥

食材准备

紫薯1个
温水适量

做　法

将紫薯洗净、去皮、切小块，蒸熟，放入搅拌机，加入少许温水，搅打成泥。

小叮咛

紫薯较干，不加水不太好搅打，少量水即可，水太多就成紫薯糊了。

香蕉泥

食材准备

香蕉1根

做　法

将香蕉去皮，剥去白丝，取一截放入碗中，用不锈钢勺子压成泥。

小叮咛

要选取熟透的香蕉，黄色的皮带黑点的最佳，等宝宝适应泥状食物了，也可以用小勺一点点刮取香蕉果肉喂给宝宝。

菠菜泥大米粥

食材准备

大米 50 克
菠菜适量

做　法

1. 大米淘洗后，加 5 倍米量的水煮成粥。

2. 菠菜去根、洗净、切段，沸水烫熟后用搅拌机打成泥，混入米粥搅匀。

小叮咛

菠菜漂烫时间不宜过长，水开始呈现淡黄绿色，菠菜颜色还是青翠，就可以捞出。

鳕鱼汁大米粥

食材准备

大米 50 克
去皮去骨鳕鱼肉 1 块

做　法

大米淘洗后，与洗净、切碎的鳕鱼一起放入锅中，加 5 倍米量的水熬成粥。

小叮咛

鳕鱼肉细嫩，熬粥时间长一些，就可以让鱼肉与粥融合在一块，几乎不含颗粒状肉块。

鳕鱼肉泥

食材准备

去皮去骨鳕鱼肉1块

做　法

鳕鱼肉洗净、切小块，蒸熟后用搅拌机打成泥。

小叮咛

很多家长会觉得鱼比较腥，得加点酒、柠檬汁、姜片之类的去腥，宝宝才容易接受。1岁之前的辅食不要加各种调料，有些调料刺激性较强，也容易让宝宝养成重口的饮食习惯。

鳕鱼豆腐泥

食材准备

去皮去骨鳕鱼肉1块

豆腐1块

凉开水适量

做　法

鳕鱼肉洗净、切小块，蒸熟，与用凉开水冲洗、切小块的豆腐一起放入搅拌机，打成泥。

专家点评

豆腐富含钙，清热润燥，可以生吃，也可以煮熟了吃，有些宝宝会对大豆蛋白质过敏，建议豆腐不给小月龄宝宝食用，七八个月的宝宝可以少量添加尝试，可以单独做成泥吃，也可以与其他食材混合，形成一种新的口味。

香芋豆腐泥

食材准备

芋头 1 个
豆腐 1 块
凉开水适量

做 法

芋头洗净、去皮、切小块，蒸熟，与用凉开水冲洗、切小块的豆腐一起放入搅拌机，打成泥。

专家点评

芋头有一层黏糊糊的物质，其中富含的黏液蛋白有利于提升宝宝抵抗力，也可以单独做成泥给宝宝食用。

西瓜豆腐泥

食材准备

去皮去籽西瓜肉 1 块
豆腐 1 块
凉开水适量

做 法

西瓜切小块，与用凉开水冲洗、切小块的豆腐一起放入搅拌机，打成泥。

专家点评

西瓜清热、解暑、利尿，且富含番茄红素，尤其适合发热恢复期宝宝，一小块即可，以免量多形成不了泥。

燕麦粥

食材准备

燕麦1勺

做　法

燕麦倒入锅中，加5倍量清水，大火煮沸后转小火煮至稠。

小叮咛

燕麦有速溶的和需要蒸煮的两种，需要蒸煮的可以提前用清水浸泡片刻。

鸡汁燕麦粥

食材准备

燕麦1勺

去油鸡汤适量

做　法

燕麦倒入锅中，加5倍量去油鸡汤，大火煮沸后转小火煮至稠。

专家点评

鸡汤开胃补虚，宝宝精神倦怠时食用最佳，也可当作高汤，用来制作很多复合辅食，比如鸡汤馄饨、鸡汤面。

鸡汁白萝卜泥

食材准备

白萝卜 1 块

去油鸡汤适量

做　法

白萝卜洗净、去皮、切小块，蒸熟，和鸡汤同放入搅拌机，搅打成泥。

专家点评

白萝卜寡淡无味，加入鸡汤后味道变得鲜美，宝宝会更喜欢，由于白萝卜自身有很多水分，鸡汤少量即可。

鸡肉土豆泥

食材准备

鸡胸脯肉 1 块

土豆 1 块

做　法

1. 鸡胸脯肉洗净、切小块，放入沸水煮至鸡肉颜色转白即可捞出，时间太长肉质易老。

2. 土豆洗净、去皮、切小块，蒸熟，和鸡肉同放入搅拌机，搅打成泥。

专家点评

鸡汁土豆泥是很经典的小食，除了用鸡汤调和土豆泥的性状和口味，选用富含优质蛋白的鸡胸脯肉混入土豆打成泥，是另一种让宝宝及早接触更多动物蛋白质的方法。

菠菜泥烂面条

食材准备

宝宝面条1小把

菠菜1棵

做法

1. 菠菜去根、洗净、切段，用沸水烫熟后放入搅拌机，搅打成泥。

2. 将宝宝面条掰成一小段一小段，放入烧开的沸水锅中煮软烂后捞出，拌入菠菜泥。

小叮咛

面条煮软烂即可，不要煮成糊。

专家点评

宝宝面条相对于一般的面条，质地更适合宝宝消化，盐的用量较少，有些还对营养进行了强化，为了选购到放心质优的产品，一定要注意品牌、食品成分表、生产日期等基本信息。

8个月，尝试加蛋黄啦

从现在开始，帮宝宝养成经常吃鸡蛋的好习惯吧，这是一种简单易做、营养价值高而又不昂贵的食材，是宝宝一生中蛋白质的主要来源之一，蛋清中的蛋白质更容易导致宝宝过敏，先从添加蛋黄开始。

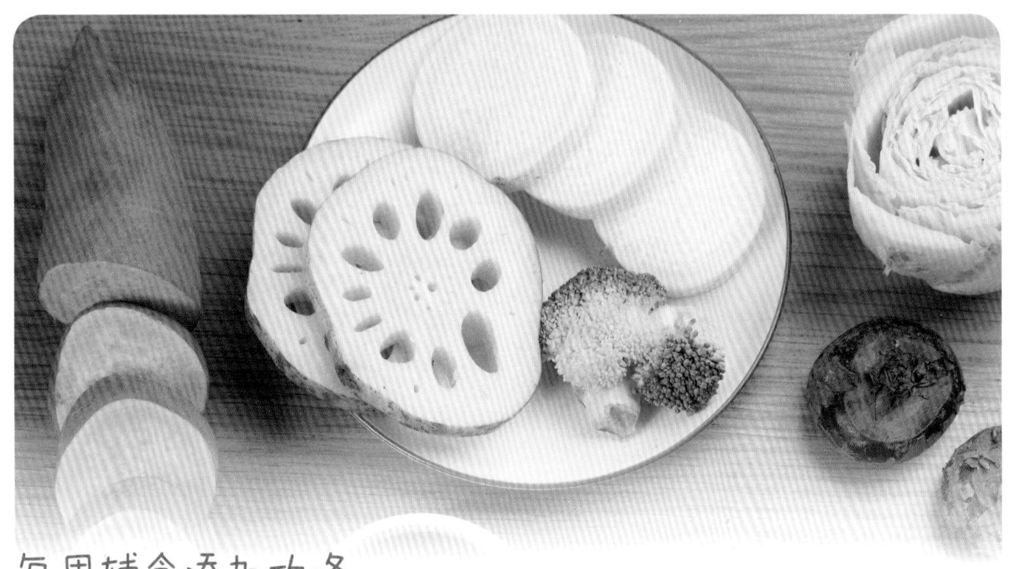

每周辅食添加攻略

这个时期的宝宝还是处于蠕嚼期，发育快的宝宝可能已经长牙了，是锻炼咀嚼能力的关键时期。咀嚼能力也是需要引导和锻炼的，大人要做好示范，以夸张的表情和动作诱导宝宝模仿学习，辅食逐渐从泥状向碎末状过渡，也方便宝宝用小手自己抓取，手指的精细化分工协作由此得到锻炼。

可以开始尝试添加蛋黄了，蛋黄富含的营养有利于宝宝体格和智力的发育。蛋黄和肉类可以隔天交替添加，注意蛋白质在一天辅食中的比例，不宜过多，1 岁前的宝宝肾脏还没有发育得很完善，过多的蛋白质会造成肾脏负担。

大多数宝宝在这个阶段已经开始学习爬行，体能消耗也较多，饮食中要多添加富含糖类、脂类和蛋白质的食物，米粥、面食、畜肉、根茎类蔬菜适当多给一些。

可以制作一些质地细腻的丸子，让宝宝用手拿着吃，大小以宝宝小手正好握住为宜，太小会有不小心吞入堵塞食管的危险，太大又不方便宝宝自己拿着吃。

奶量还是要保证在每天 500~700 毫升，可以缓慢减量。

千万叮嘱

蛋黄蛋清要分离干净，蛋清更容易使宝宝过敏，在宝宝 1 岁后再添加较为合适。

一周食谱举例

餐次 周次	第1顿	第2顿	第3顿	第4顿	第5顿	第6顿
周一	蛋黄米糊（P068）	母乳或配方奶	菠菜泥烂面条（P061）	母乳或配方奶	小勺刮取苹果泥	母乳或配方奶
周二	蛋黄米糊（P068）	母乳或配方奶	鸡汁燕麦粥（P059）	母乳或配方奶	小勺刮取香蕉泥	母乳或配方奶
周三	蛋黄米糊（P068）	母乳或配方奶	菠菜泥大米粥（P056）	母乳或配方奶	土豆苹果泥（P054）	母乳或配方奶
周四	燕麦粥（P059）	母乳或配方奶	猪里脊肉末粥（P070）	母乳或配方奶	胡萝卜南瓜泥（P054）	母乳或配方奶
周五	菠菜泥大米粥（P056）	母乳或配方奶	猪里脊肉末粥（P070）	母乳或配方奶	土豆苹果泥（P054）	母乳或配方奶
周六	鸡汁燕麦粥（P059）	母乳或配方奶	猪里脊肉末粥（P070）	母乳或配方奶	五彩薯泥球（P076）	母乳或配方奶
周日	蛋黄疙瘩汤（P069）	母乳或配方奶	鳕鱼汁大米粥（P056）	母乳或配方奶	圣女果1颗紫薯泥（P055）	母乳或配方奶

注：食谱后括号中页码为食谱制作方法所在页码。

妈妈要注意的问题

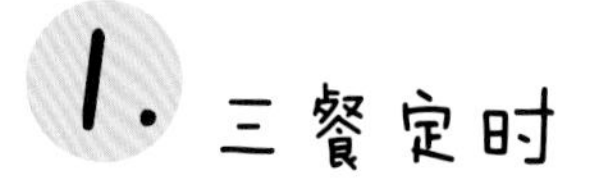

1. 三餐定时

这个阶段的宝宝，基本建立了三餐定时的饮食规律，每天白天三次辅食三顿奶，其中一次辅食可以是水果餐、小点心，每餐间隔4~5小时，夜奶还是根据情况添加，并逐渐减少夜奶量和次数，为断夜奶做准备。

2. 关于蛋黄

分离鸡蛋的蛋黄可以用专门的蛋黄分离器，也可用漏勺，还可在鸡蛋壳上凿一个小孔让蛋清流出、蛋黄留在壳内，或者将鸡蛋用水煮熟，取蛋黄给宝宝食用。白煮蛋的蛋黄容易造成宝宝呛咳、噎着，须拌入汤粥、菜泥一块给宝宝食用，蛋黄羹、蛋黄汤则没有这种危险。

最简单的添加蛋黄方法，就是将鸡蛋煮熟后取蛋黄，拌到米糊、米粥中给宝宝食用，可以经常做这道辅食，作为宝宝早晨第一餐再合适不过。

从1/4个蛋黄开始添加，逐渐过渡到半个，再到整个蛋黄。

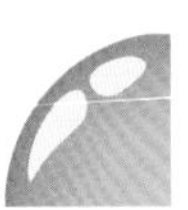

1/4 蛋黄

半个蛋黄

1 个蛋黄

3. 不喂汤泡饭

汤泡饭就是菜汤混合软米饭，很多妈妈认为这样营养更丰富，其实这是不恰当的。粥是将水和米粒融合在一块，很黏稠，而汤泡饭是米粒和水分离，十分润滑，且米粒容易呛入宝宝气管，也会使宝宝养成不爱咀嚼的坏习惯，影响消化吸收。

餐前喝汤可刺激消化液分泌，有助开胃，有利于食物的消化吸收，完全没必要拌入米饭后给宝宝食用。宝宝喝汤的同时也要吃里边的内容物，很多营养还在食物本身中。

4. 挑食、偏食、积食

很多宝宝不喜欢吃蔬菜，特别是绿叶蔬菜，妈妈就要想方设法将蔬菜换种形式让宝宝吃下去，比如做入丸子、切碎拌入汤粥，或者榨汁拌入其他食材中。如果一再尝试宝宝仍不愿意吃，就先不要勉强，宝宝的喜好也是在不断变化的，过段时间再试试，或许又能接受了。同时，用其他食物弥补宝宝挑食导致的某类营养素的缺乏，比如不爱吃一些蔬菜，就适量多给几种宝宝爱吃的水果。

有些宝宝特别能吃，大人一见宝宝爱吃，又会多给些，而宝宝自己没有很好的控制能力，这样就容易导致积食。婴幼儿很多小病痛十有八九都是积食引发的，最明显的表现就是上吐下泻、不想吃饭、小肚子鼓鼓的，这时候除了给宝宝做做推拿、捏脊，要考虑停两顿辅食，再以米汤调理肠胃，严重的要辅以益生菌或小儿消食片。

蛋黄菠菜泥

食材准备

鸡蛋 1 个

菠菜 2 棵

做　法

1. 鸡蛋洗净后放入锅中煮水煮蛋，蛋熟后取蛋黄。

2. 菠菜去根、洗净、切段，用沸水烫熟，和蛋黄一起放入搅拌机，搅打成泥。

蛋黄米糊

食材准备

鸡蛋 1 个

大米 50 克

温水

做　法

1. 大米淘洗后，用温水浸泡 2 小时，捞出倒入搅拌机，加少许水搅打成米浆。把米浆倒入小锅，加 8 倍米量的清水，小火加热，期间不断搅拌防止煳锅，米浆沸腾后再煮 2 分钟即可盛出。

2. 鸡蛋洗净后放入锅中煮水煮蛋，蛋熟后取蛋黄，用勺碾成泥，混入米糊搅匀。

蛋黄疙瘩汤

食材准备

鸡蛋1个

面粉50克

鸡汤2碗

做 法

1. 盛放面粉的碗接水龙头，水量开到最小，用筷子搅打成很多小颗粒面团，讲究些的也可以用凉开水缓缓加入。

2. 鸡汤倒入锅中，煮沸，倒入面疙瘩。

3. 鸡蛋洗净后取蛋黄，打散搅匀，画圈式缓缓倒入锅中，拌匀煮熟即可。

蛋黄小白菜烂面条

食材准备

鸡蛋1个

小白菜1棵

宝宝面条1小把

做 法

1. 将宝宝面条掰成一小段一小段，放入烧开的沸水锅中。

2. 鸡蛋洗净后取蛋黄，打散搅匀，画圈式缓缓倒入锅中。

3. 小白菜洗净，切成碎末，用研磨棒充分碾压，倒入锅中，煮至面条、小白菜软烂。

专家点评

蔬菜的添加也可逐渐由菜泥向碎末过渡，为接受小颗粒状食物做准备，相对于用搅拌机制作的泥类蔬菜，可以用研磨棒将蔬菜磨成碎末。

猪里脊肉末胡萝卜浓汤

食材准备

猪里脊肉1块
胡萝卜半根

做法

1. 猪里脊肉洗净，剁成极细碎的肉末。

2. 胡萝卜洗净、去皮，剁成碎末。

3. 肉末和胡萝卜末一同放入炒锅稍煸炒，立即加入2倍于食材量的清水，大火煮沸转小火，煮至食材软烂。

小叮咛

剁肉末是个体力活，嫌麻烦的可用搅拌机稍搅打，不要打成肉糊。

猪里脊肉末粥

食材准备

猪里脊肉50克
大米100克

做法

1. 大米淘洗后加5倍米量的水，煮成软粥。

2. 猪里脊肉洗净，剁成碎肉末，下锅稍煸炒，倒入软米粥继续煮片刻，边煮边搅匀。

专家点评

当宝宝比较抗拒粥、面等主食的时候，不妨添加肉类食材，鸡汤、肉汤鲜美的味道会促进宝宝的食欲。

番茄牛肉汤

食材准备

牛肉1块

番茄1个

做　法

1. 将牛肉洗净、切小块，在沸水里汆一下去血沫。

2. 番茄洗净，用开水烫一下去皮、去蒂，切碎，和牛肉一起放入锅中。加水没过，大火煮沸，转小火煮至番茄软烂，盛出带番茄的汤。

牛肉汁蒸山药泥

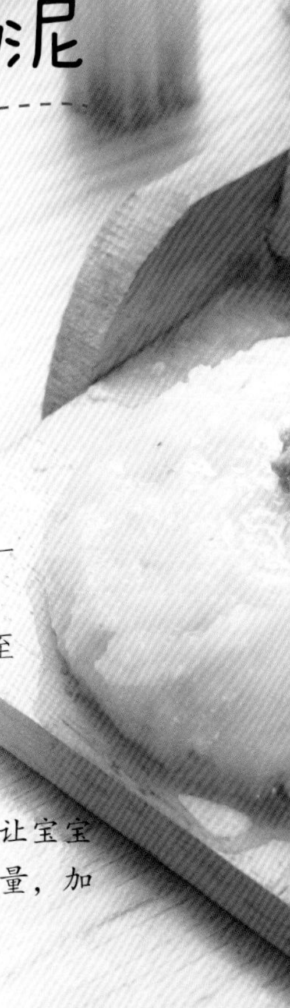

食材准备

牛肉1块

山药1段

做　法

1. 戴上橡胶手套，将山药洗净、去皮，切小块，蒸熟，用搅拌机打成泥。

2. 将牛肉洗净、切小块，在沸水里汆一下去血沫，放入锅中。加水没过牛肉，大火煮沸，转小火煮熟，再煮片刻，至肉汤收浓汁，取牛肉汁浇在山药泥上。

专家点评

口感绵软的山药泥和土豆泥都会让宝宝爱不释嘴，也能给宝宝提供较多的热量，加入鲜美的肉汁，更能促使宝宝多吃些。

豆腐猪肉丸子汤
妈妈说，下次给我单做
这球球，可以抓着玩啦！

食材准备

猪里脊肉100克

老豆腐1块

面粉少许

做　法

1. 将猪里脊肉洗净，用搅拌机搅打成肉泥，并搅打上劲。

2. 老豆腐冲洗干净，尽量挤掉一些水分，捏碎。

3. 加入肉泥和面粉搅拌均匀，双手洗净，蘸点水，从虎口处挤出一个个丸子，挨个丢到小火煮开的开水锅里，待丸子浮起，再煮片刻，丸子和汤一块盛入碗中。

小叮咛

煮丸子的水不要大沸，不然丸子容易散开，肉泥搅打上劲和挤掉部分豆腐的水也是为了制成的丸子不易散。

专家点评

猪肉的动物蛋白配合豆腐的植物蛋白，营养更加全面，调制后的造型和口感也是宝宝会喜欢的。举一反三，可以将各种食材搭配，调制成各种营养和口感的丸子，丰富宝宝的辅食餐单。

西蓝花鱼丸汤

食材准备

西蓝花 1 个

去皮去骨鳕鱼 1 块

鸡蛋 1 个

面粉少许

做　法

1. 将鸡蛋洗净取蛋黄，搅拌机中依序放入鳕鱼肉、面粉和蛋黄液，搅打成泥。

2. 西蓝花用沸水烫熟，取 2 朵，放入搅拌机，搅打上劲。双手洗净，蘸点水，从虎口处挤出一个个丸子，挨个丢到小火煮开的开水锅里。待丸子浮起，再煮片刻，丸子和汤一块盛入碗中。

鸡蓉豆腐丸子

食材准备

鸡胸脯肉 1 块

老豆腐 1 块

面粉少许

做　法

1. 将鸡胸脯肉洗净，用搅拌机搅打成肉泥。

2. 老豆腐冲洗干净，尽量挤掉一些水分，捏碎。

3. 加入肉泥和面粉搅拌均匀，双手洗净，蘸点水，从虎口处挤出一个个丸子，挨个丢到小火煮开的开水锅里。待丸子浮起，再煮片刻，取丸子盛入碗中。

糙米浆

食材准备

糙米 50 克

做　法

将糙米淘洗干净后用温水浸泡 2 小时，放入搅拌机，加适量水，搅拌粉碎。把米浆放入锅中，加 5 倍米量的水，大火煮沸后转小火煮，米香四溢到香味转淡，即熟。

小叮咛

家里有豆浆机的，也可用豆浆机来制作糙米浆，糙米浸泡后就可以直接做。

草莓糙米粥

食材准备

糙米 30 克

草莓 1 颗

做　法

1. 将糙米淘洗干净后用温水浸泡 2 小时，放入锅中，加 5 倍米量的水，大火煮沸后转小火，煮至糙米软烂。

2. 草莓洗净、去蒂、切小块，放入锅中，煮至草莓软烂。

五彩薯泥球

各种颜色的球球，我这个抓起来咬一口，那个抓起来再咬一口。

食材准备

红薯1块

紫薯1块

土豆1个

山药1段

菠菜3棵

做　法

1. 红薯、紫薯、土豆均洗净、去皮、切小块。

2. 戴上手套将山药洗净、去皮、切小块。

3. 将4种薯类上锅蒸熟，分别放入搅拌机搅打成泥，山药泥最后搅打，留部分在搅拌机中，其余均搓成球。

4. 菠菜去根、洗净、切段，沸水中烫熟，放入搅拌机，与山药泥搅打均匀，取出，搓成球。

小叮咛

每次搅打一种薯泥，打好后洗净搅拌机，以免混色。

专家点评

不同颜色的食物有其不同的特殊营养成分，五色入五脏，而且五彩缤纷、形态各异的食物会引起宝宝极大的兴趣，可以让宝宝用自己的小手去抓握体验。菠菜、南瓜、紫薯、胡萝卜、紫甘蓝、番茄、苋菜等色彩艳丽的食物都可用作天然的食物染色剂，做成各种颜色的小面点。

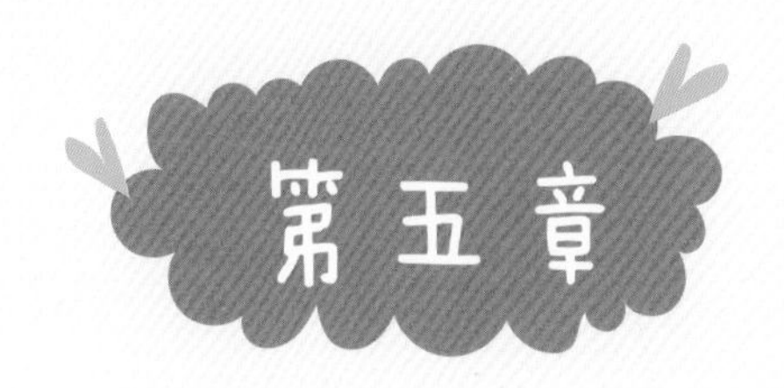

9个月，小嘴动动操

有的宝宝已经长牙了，不管有没有长牙，宝宝的口腔咀嚼能力都要有意识地得到锻炼，这样可以促进长牙和语言能力的发育。

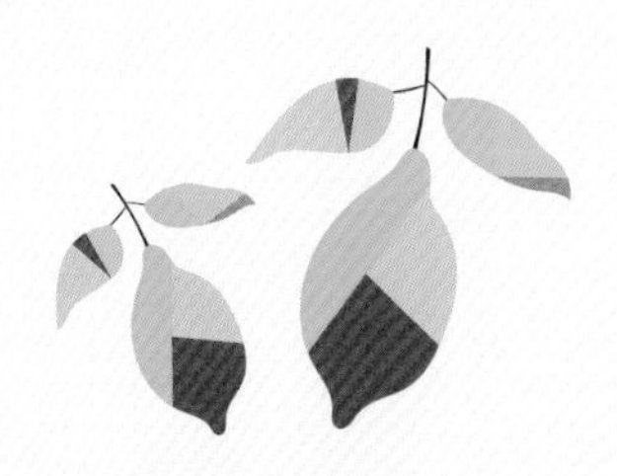

每周辅食添加攻略

这个时期多数宝宝处于细嚼期（主要以牙龈咀嚼），辅食要小颗粒状，锻炼宝宝的咀嚼能力。有的宝宝已经长了好几颗牙了，可以把水果皮削掉、切成小块或小片，让宝宝自己拿着啃，不再需要将水果蔬菜做成泥状给宝宝了。

无论有没有长牙，尝试啃咬质地不那么硬的食物，对宝宝来说，都是一种锻炼，长牙后更要制作质地较硬的食物给他磨牙，磨牙饼干也是可以适当给一些的。咀嚼能力得到锻炼的宝宝，也会较早开口说话，口齿清晰。

在锻炼宝宝咀嚼能力的同时，要帮助宝宝学会细嚼慢咽，大人要从自身做好示范，吃饭速度一定要慢下来，每口食物多咀嚼几次，细嚼慢咽有助于食物的消化和营养的吸收利用，也有利于预防牙病、胃肠疾病的发生。

要添加更多的粗纤维食物，相对于纤维细柔的菠菜、油麦菜、生菜等，芹菜、空心菜、韭菜等绿色蔬菜及根茎类蔬菜（红薯、藕、萝卜、笋）富含粗纤维，可以适当给宝宝多添加些，不用再做成泥，可以切成碎末给宝宝吃，帮助宝宝锻炼咀嚼能力和肠胃功能。

奶量还是要保证在每天500~700毫升，可以缓慢减量，并减少喂奶次数，尤其是夜奶。

千万叮嘱

虽然是要帮助宝宝锻炼咀嚼能力，但是所给的粗纤维食物还是要做得软些，质地过硬的食物要等宝宝1岁以后长出磨牙才能完全依靠自己将食物磨碎。

一周食谱举例

餐次 周次	第1顿	第2顿	第3顿	第4顿	第5顿	第6顿
周一	蛋黄虾皮粥（P088）	母乳或配方奶	菠菜泥烂面条（P061）	母乳或配方奶	圣女果1颗、紫薯泥（P055）	母乳或配方奶
周二	蛋黄虾皮粥（P088）	母乳或配方奶	鸡汁燕麦粥（P059）	母乳或配方奶	蓝莓2颗、双色蒸糕（P095）	母乳或配方奶
周三	蛋黄虾皮粥（P088）	母乳或配方奶	菠菜泥大米粥（P056）	母乳或配方奶	猕猴桃1片、牛肉汁蒸山药泥（P071）	母乳或配方奶
周四	番茄丝瓜虾皮粥（P088）	母乳或配方奶	菠菜猪肝粥（P089）	母乳或配方奶	蛋黄小白菜烂面条（P069）	母乳或配方奶
周五	蔬菜肉末面（P092）	母乳或配方奶	菠菜猪肝粥（P089）	母乳或配方奶	银耳羹（P091）	母乳或配方奶
周六	卡通米糕（P094）、大米汤（P043）	母乳或配方奶	菠菜猪肝粥（P089）	母乳或配方奶	香甜水果羹（P091）	母乳或配方奶
周日	什锦豆腐羹（P090）	母乳或配方奶	鱼肉薯泥糕（P084）、糙米浆（P075）	母乳或配方奶	缤纷蔬果沙拉（P093）	母乳或配方奶

注：食谱后括号中页码为食谱制作方法所在页码。

妈妈要注意的问题

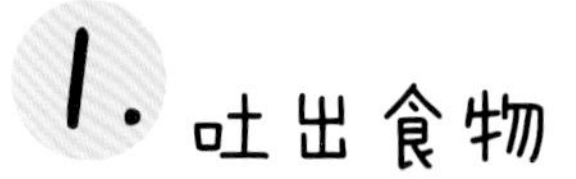

1. 吐出食物

随着给宝宝添加的食物越来越多，宝宝很有可能将吃到的食物吐出来，而且能明显地判定并不是食物过敏导致的呕吐反应。如果是宝宝不喜欢这种食物的味道，比如偏酸或是带点苦涩，可以将它与甜味的食物混合，中和较难接受的味道；如果食物的质地太过粗糙，就要做得更细软些；较长的面条、粉丝等食物要切得更小、更短，方便宝宝食用。

2. 便秘

在添加辅食后，宝宝一周的排便次数少于3次，排便时感觉困难，排出小颗粒、干硬的大便，即可判断为便秘。排除疾病原因，主要是由饮食中缺乏膳食纤维、足够的水分、没有及时排便、补钙过多、奶粉冲调过浓以及精神紧张（比如到了一个陌生环境）引起。

宝宝一旦便秘，添加的辅食中就要多增加富含膳食纤维的蔬菜水果，如火龙果、梨、红薯、胡萝卜、芹菜、油菜、空心菜、白菜等。同时让宝宝养成经常喝水的好习惯。便秘严重的可在医生指导下用益生菌制剂。食疗无效的也可以尝试小儿推拿揉肚。

3. 手抓食物

有意识地多做些宝宝可以自己用手拿着吃的食物，锻炼小手的灵活性，为接下来自己拿勺吃饭做准备，同时要洗干净宝宝的小手，防止把细菌吃进肚子里。除了方便拿取食用的各种水果（清洗、去皮），各色糕点面食、拌面、手撕鸡鸭肉都是可以给宝宝自己手抓着吃的辅食。

4. 关于虾

在宝宝吃蛋黄一段时间后就可以给宝宝吃虾了，一般3只虾（约100克）的蛋白质含量就超过了一个全鸡蛋。根据婴儿平衡膳食宝塔，1岁前的宝宝每天只需一个蛋黄，外加其他蛋白质食物25~40克即可满足一日蛋白质所需，当天已经吃了一个蛋黄的宝宝，只需再吃一只虾就可以了。

虾不宜天天吃，一周吃两三次即可。虾肉切碎拌入粥汤或做虾丸都可以，有的宝宝对虾过敏，应注意观察，如有过敏反应，应停止添加。

鱼肉薯泥糕
我是小小造型师，边吃边变形，巴巴变！

食材准备

土豆1个

去皮去骨鳕鱼1块

做 法

1. 土豆洗净、去皮、切小块，上锅蒸熟。

2. 鳕鱼洗净，放入锅中，加水没过鱼肉，大火煮沸后转小火，煮至鱼肉发白、筷子能插入后捞出，捣碎。

3. 将土豆、鳕鱼肉放入搅拌机，加入1勺煮鳕鱼的汤，搅拌上劲。

4. 取出鱼肉薯泥，用造型模具造型，成鱼肉薯泥糕。

小叮咛

搅打上劲有利于成型，用筷子拨弄鱼肉薯泥有点阻力为宜。

专家点评

这道富含淀粉和蛋白质的辅食，让只爱吃肉不爱吃主食和蔬菜的宝宝能摄取更多营养素，营养更均衡，和鳕鱼融合的土豆泥口感味道也更好。

翡翠虾球
这新鲜玩意儿好好吃，
妈妈说里边加了“虾”
这个东东。

食材准备

鲜虾3只

西蓝花3小朵

面粉适量

做 法

1. 鲜虾洗净、去头尾、去壳、去虾线。

2. 西蓝花洗净，用沸水烫一下。

3. 将虾肉、面粉、西蓝花依序放入搅拌机，搅拌上劲。

4. 双手洗净，沾水，从虎口挤出一个个虾球。

5. 将虾球放入烧开的水中，保持小火微沸，虾肉颜色由透明转红白色，虾球浮起，捞出。

小叮咛

也可以买现成虾仁，不怕麻烦的最好还是买新鲜的虾，食材质量更有保障。

专家点评

西蓝花属于十字花科蔬菜，富含维生素，虾是优质蛋白质的来源，这道辅食营养均衡，增强宝宝抗病能力。西蓝花的清香加上虾肉浓郁的肉香，红白点翠的视觉观感，都会促进宝宝的食欲。可以将西蓝花替换成其他蔬菜，虾球也可以蒸熟食用，或者和汤一起食用。

蛋黄虾皮粥

食材准备

鸡蛋 1 个

无盐虾皮 1 小把

大米 50 克

做　法

1. 大米淘洗后用清水浸泡半小时，放入锅中，加 4 倍米量的水。

2. 虾皮洗净后放入锅中。

3. 鸡蛋洗净取蛋黄，搅匀后以画圈方式倒入锅中，煮至粥成，搅匀。

番茄丝瓜虾皮粥

食材准备

番茄半个

丝瓜 1/3 根

无盐虾皮 1 小把

大米 50 克

做　法

1. 大米淘洗后用清水浸泡半小时，放入锅中，加 4 倍米量的水，大火煮沸，转小火慢煮。

2. 粥将成时，将虾皮洗净后放入锅中。

3. 番茄、丝瓜分别洗净，去皮和蒂，取一部分切碎，放入锅中煮至蔬菜软熟。

菠菜猪血羹

食材准备

猪血1块
菠菜2棵
鸡汤2碗
土豆淀粉少许

做　法

1. 猪血洗净，沸水中烫片刻，捞出，切成指甲盖大小的小碎块，放入锅中，加鸡汤，大火煮沸转小火。

2. 菠菜去根、洗净，沸水中烫一下，捞出，切碎末，投入锅中。

3. 菠菜煮软后加土豆淀粉调匀成羹。

菠菜猪肝粥

小叮咛

猪肝筋膜去除干净，腥膻味会少很多。

食材准备

猪肝1块
菠菜2棵
大米50克

做　法

1. 大米淘洗后用清水浸泡半小时，放入锅中，加4倍米量的水，大火煮沸，转小火慢煮。

2. 猪肝去筋膜，洗净，沸水稍煮，颜色转灰白时捞出，取一部分切碎末，投入将煮成的粥中。

3. 将菠菜去根、洗净，用沸水烫过后切碎末，投入粥中稍煮几分钟即可。

什锦豆腐羹

食材准备

猪里脊肉1块
鲜香菇2朵
胡萝卜1块
生菜1张
豆腐1块
土豆淀粉少许

做法

1. 猪里脊肉洗净、剁碎末。鲜香菇洗净、去菇柄，剁碎末。胡萝卜洗净、去皮，剁碎末。

2. 将猪肉末、香菇末和胡萝卜末放入锅中，加水没过食材，大火煮沸转小火。

3. 将豆腐冲洗干净，捣碎后倒入锅中，搅匀。生菜洗净后切碎，放入锅中，随即加淀粉调匀成羹。

小叮咛

生菜可以生吃，而且为了其中的维生素不损失，最后一刻加入，调匀即可盛出。菇柄纤维较粗，宝宝不易消化，一定要去除。

专家点评

这是一道口感较为复杂的辅食，可锻炼宝宝口腔小肌肉群。五彩缤纷的色调也可促进宝宝食欲。菌类可增强宝宝的免疫力，鲜香菇肉质肥嫩，比泡发的干香菇更好消化，配合有多种维生素、矿物质的胡萝卜和生菜，优质蛋白质的猪肉和豆腐，营养更均衡。

香甜水果羹

食材准备

苹果半个　　猕猴桃半个
梨半个　　藕粉少许

做　法

1. 苹果、梨洗净后去皮，用挖球器挖出一个个球，放入锅中，加水没过，大火煮沸后转小火。

2. 猕猴桃去皮后用挖球器挖出球投入锅中。

3. 藕粉用凉水调开后画圈式倒入锅中，调匀成羹。

银耳羹

食材准备

银耳3朵

做　法

银耳用清水泡发后去除未泡开的部分，稍加清洗，撕成小朵，放入炖锅中，加水超过食材2厘米，大火煮沸转小火慢煮，煮至浓稠成羹。

专家点评

银耳滋阴润燥，十分适合天气干燥的时候给宝宝食用，北方室内用暖气，也会引起人体燥热，易引发宝宝皮肤病，食用银耳最宜。银耳富含银耳多糖，可提升宝宝的免疫力。

蔬菜肉末面

食材准备

猪里脊肉1块　　小油菜2棵
番茄1个　　宝宝面条1把

做　法

1. 猪里脊肉洗净，剁成肉末，放入滤网，沸水稍烫后捞出。

2. 将番茄洗净、去蒂，开水烫去皮，切碎。

3. 小油菜洗净、切碎。

4. 大火烧开水，放入宝宝面条，煮至软熟，放入肉末、番茄稍煮，放入油菜末稍煮。

彩椒鸡丝面

食材准备

鸡胸脯肉1块　　黄柿子椒1个
红柿子椒1个　　宝宝面条1把

做　法

1. 鸡胸脯肉洗净，放入沸水锅中煮至鸡肉颜色转白，捞出，用洗净的双手撕成细条。

2. 将红柿子椒、黄柿子椒去蒂，洗净，切成丝。

3. 大火烧开一锅水，放入宝宝面条，煮至面条软熟，放入鸡丝、彩椒丝再煮片刻即可。

手撕鸭肉

食材准备

鸭胸脯肉1块

做　法

1. 鸭胸脯肉去皮、洗净，用沸水稍烫后捞出。

2. 将鸭肉撕成丝，投入炒锅，用小火干煸一会盛出。

小叮咛

小火干煸的时候要不停地翻炒，小心不要焦了，肉焦后易产生致癌物，不宜再食用。

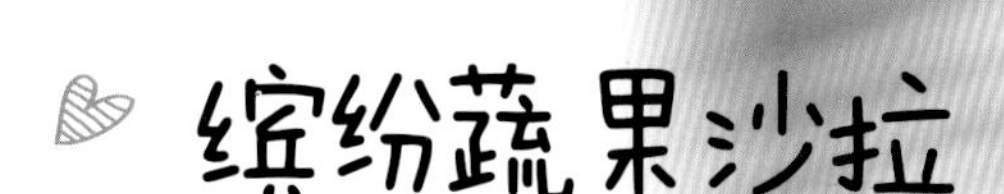

缤纷蔬果沙拉

食材准备

香蕉1根　　猕猴桃1个
红色圣女果2颗　　紫甘蓝1片

做　法

1. 香蕉去皮、切块，用搅拌机打成泥；圣女果洗净后切小粒；猕猴桃去皮后切小粒；紫甘蓝洗净，沸水稍烫后也切小粒。

2. 圣女果粒、猕猴桃粒、紫甘蓝粒拌入香蕉泥。

小叮咛

紫甘蓝用沸水烫的时间不宜长，停留几秒即可，要保持原有鲜艳的紫色。

卡通米糕
萌萌哒好可爱，我一口
就能吃一个。

食材准备

大米100克

小米100克

黑芝麻若干

海苔少许

做 法

1. 大米淘洗干净后加3倍米量的水煮成软饭。

2. 小米同上。

3. 将大米饭、小米饭分别填入造型模具，大米饭做成小兔子形状，小米饭做成小熊形状。

4. 取出卡通米糕，切薄块，用黑芝麻、海苔作装饰。

小叮咛

模具填太满容易造型失败。

专家点评

为了让宝宝吃进更多主食，可以借用造型和色彩的搭配，引起宝宝的兴趣。也可用大米粉、小米粉做米糕。不同颜色的五谷杂粮所含营养成分有差别，可以往米饭中添加紫薯、红薯等做成多种色彩的蒸糕，营养互补。

10个月，自己用勺吃饭香

尽早帮宝宝学会自己吃饭吧，不仅大人省心，宝宝的各项能力也得到了锻炼，不用管也会对饭菜“爱不释口”。

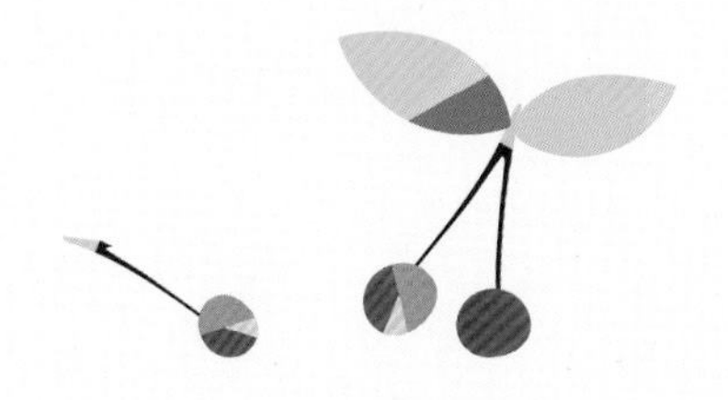

每周辅食添加攻略

这个时期的大多数宝宝还是处于以牙龈磨碎食物的细嚼期，食物质地也在从小颗粒状渐渐向大颗粒状过渡，软米饭被正式提上日程。在宝宝手抓米饭的新鲜劲过了之后，就可以给他一把勺子，用来训练自己拿勺吃饭了。从舀取食物到送入口中，这一过程是宝宝锻炼手眼协调的关键步骤。

在宝宝学习用勺的过程中，尽量提供便于舀取、不易洒的食物，软米饭、稠粥、碎蔬菜、小面食都是可以的，泥糊类辅食又重新出现在宝宝的餐桌上，不过这次是作为点心，也是为了便于宝宝练习舀取食物。

一套固定位置的餐桌椅更有利于宝宝自己吃饭，一套宝宝喜欢的餐具也能引起宝宝自己吃饭的兴趣。宝宝一旦进入自己吃饭的模式，家里的大人就要尽量减少喂食的次数，有时候不是宝宝不愿意自己吃，而是大人缺乏耐心，觉得喂食更方便快捷，要尊重宝宝学习“吃饭”这项技能的意愿。

千叮万嘱

宝宝在刚开始学习自己吃饭的时候肯定撒的比吃的多，为了避免宝宝饿肚子，大人还是要坚持将一定量的食物喂给宝宝，在宝宝慢慢熟练了，再逐步减少喂食次数。

一周食谱举例

周次＼餐次	第1顿	第2顿	第3顿	第4顿	第5顿	第6顿
周一	蛋黄小白菜烂面条（P069）	母乳或配方奶	紫菜手卷（P106）	母乳或配方奶	苹果1块、紫薯泥（P055）	母乳或配方奶
周二	小馄饨（P104）	母乳或配方奶	紫菜手卷（P106）	母乳或配方奶	圣女果1颗、金枪鱼土豆泥（P109）	母乳或配方奶
周三	彩椒鸡丝面（P092）	母乳或配方奶	紫菜手卷（P106）	母乳或配方奶	猕猴桃1片、牛肉汁蒸山药泥（P071）	母乳或配方奶
周四	什锦小软面（P105）	母乳或配方奶	南瓜拌软饭（P104）	母乳或配方奶	香蕉半根、银耳羹（P091）	母乳或配方奶
周五	猫耳朵（P105）	母乳或配方奶	蛋黄虾皮粥（P088）、蒸素三丁（P111）	母乳或配方奶	香蕉半根、什锦豆腐羹（P090）	母乳或配方奶
周六	香煎小土豆饼（P108）、菠菜泥大米粥（P056）	母乳或配方奶	彩虹杂蔬软饭（P102）	母乳或配方奶	香甜水果羹（P091）	母乳或配方奶
周日	双色蒸糕（P095）、菠菜泥大米粥（P056）	母乳或配方奶	手抓软米饭（P103）、多蔬碎摊蛋黄（P110）	母乳或配方奶	缤纷蔬果沙拉（P093）	母乳或配方奶

注：食谱后括号中页码为食谱制作方法所在页码。

妈妈要注意的问题

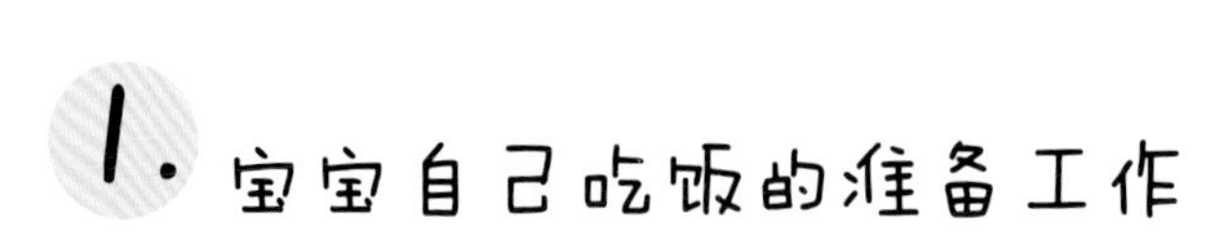

1. 宝宝自己吃饭的准备工作

首先，大人要有一个心理准备，在宝宝练习自己吃饭的过程中肯定会一片狼藉。

再者，要给宝宝准备好一套自己吃饭的工具，大到一套让宝宝坐着舒适的餐桌椅，小到一套令宝宝爱不释手的餐具，餐具可根据宝宝的不同发育阶段多准备几套，初期的碗最好底部带有吸盘，这样宝宝不容易打翻，再替换成带双耳的碗，让宝宝可以一手握着固定住吃，最后再替换成普通的碗。

最后，还得给宝宝准备好一套防护用具，围兜、罩衣是基础配备，最好选防水、易清理的，洒到汤汁也比较好处理。

2. 帮宝宝学会使用勺子

帮宝宝学会自己使用勺子吃饭的第一步，就是大人做好示范，在宝宝面前用夸张的动作和表情演示如何用勺子舀取食物、送入口中、咀嚼食物这一个完整的进食过程，动作要慢，方便宝宝看清楚。第二步，就是和宝宝一起用勺吃饭，宝宝如果要抢大人手中的勺子，就再给他拿一把勺子，宝宝手中有两把勺子，在玩勺子、用勺子玩食物的过程中学会如何使用勺子。

刚开始，宝宝会从用勺子戳食物、捣食物的过程中找到乐趣，大人不要认为这是宝宝在玩，不好好吃饭，就马上阻止，宝宝很多能力就是从玩的过程中建立的。

3. 制作更能吸引宝宝的辅食

要让宝宝对自己吃饭感兴趣，一道道颜色和造型诱人的辅食是必不可少的，宝宝也是外貌协会的，对于色彩鲜艳和造型有趣的辅食会更有兴趣尝试。

关于颜色，可以利用食物天然的各种颜色，进行色彩搭配，冷暖色调的撞色搭配会更出彩。从儿童画中我们也可以看出，孩子用色的直接和强烈，大红大绿是他们的最爱，口味甘甜、富含维生素的彩椒和黄澄澄又质地绵软的南瓜是妈妈厨房里常备杀手锏。

关于造型，需要妈妈花费一番心思，利用每种食物的特点，做成有趣的食物造型，比如，将不同颜色的食物摆成彩虹的形状，或者将胡萝卜切碎后摆成太阳的形状。

彩虹杂蔬软饭

好漂亮呀！妈妈说这像彩虹，有七种颜色呢。

食材准备

红色圣女果2颗	大米50克
胡萝卜半根	蓝莓5颗
黄柿子椒1个	紫甘蓝1片
莴笋半根	橄榄油少许

做　法

1. 圣女果洗净、切小粒，在盘子最上层摆放成弧形，作为彩虹的最上层。

2. 胡萝卜洗净、去皮、切小粒，略加橄榄油小火煸炒，盛出依序摆放在圣女果下方。

3. 黄柿子椒去蒂、洗净，切小粒，依序摆放。

4. 莴笋洗净、去皮，切小粒，依序摆放。

5. 大米事先加3倍多米量的水做成软米饭，依序摆放。

6. 蓝莓洗净、切小粒，依序摆放。

7. 紫甘蓝洗净，放入沸水煮片刻，待水稍有染色取出，切小粒，依序摆放，并浇些紫甘蓝水于米饭上，上锅蒸2分钟。

小叮咛

煮紫甘蓝时注意观察，水稍有染色即取出，煮太久紫甘蓝会失去鲜艳的紫色。

专家点评

五色入五脏，这么多颜色组成的一道辅食，不仅色彩绚丽，营养也更全面，含有丰富的维生素，对宝宝正在成长的身体进行多重呵护。这个阶段宝宝开始吃软饭了，可以单独做，搭配各种蔬菜肉类辅食，让宝宝先用小手抓米饭感受下，逐渐训练他用勺吃饭。

南瓜拌软饭

食材准备

南瓜1块

大米50克

做　法

1. 南瓜洗净、去皮、切小块，蒸熟。

2. 大米淘洗后加3倍多米量的水做成软饭，拌入南瓜。

小馄饨

食材准备

猪里脊肉1块

馄饨皮若干

香葱1棵

做　法

1. 猪里脊肉洗净，用搅拌机打成肉泥。

2. 取一张馄饨皮，中间放上适量的肉泥，将皮捏紧。

3. 烧开一锅水，挨个放入小馄饨，煮至上浮即可捞入碗中，舀入馄饨汤没过馄饨。

4. 取一截香葱，洗净、切末，放入馄饨汤碗中作点缀。

小叮咛

馄饨皮一定要捏紧，不然煮的时候会散开，不放心可以四下多捏几下，注意不要捏在有肉的部位，而是上部，起封口作用。

什锦小软面

食材准备

鸡蛋1个　　胡萝卜半根

黑木耳3朵　　手擀面1把

做　法

1. 黑木耳泡发、洗净、剁碎。

2. 胡萝卜洗净、去皮、剁碎。

3. 鸡蛋洗净取蛋黄，在碗中搅打均匀。

4. 手擀面放入沸水煮1分钟，捞出。另起锅烧开一锅水，放入黑木耳、胡萝卜和手擀面。蛋黄液以画圈方式浇入锅中，拌匀，煮至面熟。

小叮咛

手擀面的量可根据自家宝宝食量决定，用手抓一把即可。

猫耳朵

食材准备

面粉100克

南瓜1块

紫薯1个

做　法

1. 南瓜和紫薯洗净、切块，蒸熟后去皮，用搅拌机分别打成泥。

2. 面粉等量放入两个干净的容器，加适量清水，并分别加入南瓜泥、紫薯泥，用筷子搅拌，再用手揉搓均匀成面团，用干净湿布盖住，醒发20分钟。

3. 案板上撒干面粉，放上面团，用擀面杖擀压成面片，将面片切成一个个小块，用拇指碾压成卷曲凹陷的猫耳朵。

4. 烧开一锅水，挨个放入猫耳朵，煮至上浮即可捞入碗中，舀入汤没过猫耳朵。

紫菜手卷

食材准备

烤紫菜2张

胡萝卜半根

黄瓜半根

大米100克

橄榄油少许

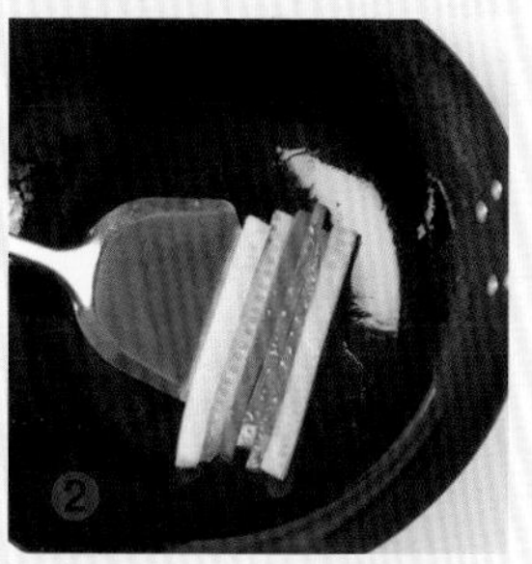

做 法

1. 大米淘洗后用清水浸泡半小时，用3倍多米量的水做成软饭。

2. 胡萝卜、黄瓜分别洗净，去皮，切成细条，用橄榄油小火稍煸炒下。

3. 取一张紫菜，均匀铺上软烂米饭，抹平。

4. 放上胡萝卜丝和黄瓜丝，两边留点空。

5. 卷起紫菜，用软烂米饭的黏性糊住成手卷。

小叮咛

放胡萝卜丝和黄瓜丝不宜太满，两边一定要留空，以便稍后卷成手卷时可利用米饭黏性粘牢，宝宝手握时不易散开。

专家点评

黄瓜生吃熟吃都可以，熟吃更易于宝宝消化，不易引起腹泻。紫菜富含人体必需的钙、磷、钾等矿物质，并含有能对抗辐射、提升人体免疫力的多糖类物质，性寒凉，腹泻期宝宝不宜食用。这道辅食可用于宝宝磨牙，要选购方方正正、质地柔软、低盐的烤紫菜，刚开始给宝宝添加可以将手卷上锅稍蒸，让紫菜软化，以免太过干燥的紫菜粘住宝宝食管。

香煎小土豆饼

食材准备

土豆1个　　香葱1棵

鸡蛋1个　　核桃油少许

面粉少许

做　法

1. 土豆洗净、去皮、切小块，蒸熟后用搅拌机打成泥。

2. 鸡蛋洗净后取蛋黄，混入土豆泥中搅拌均匀。

3. 加入面粉，边加边搅拌均匀，混合揉成土豆泥团，以筷子搅不动为止，取出一个个小土豆泥团压成饼。

4. 平底锅放入核桃油，小火加热，放入土豆饼，稍煎至成型，翻面。

5. 香葱取一截，洗净后切成末，撒于土豆饼上，再将土豆饼翻面，煎至两面金黄即可。

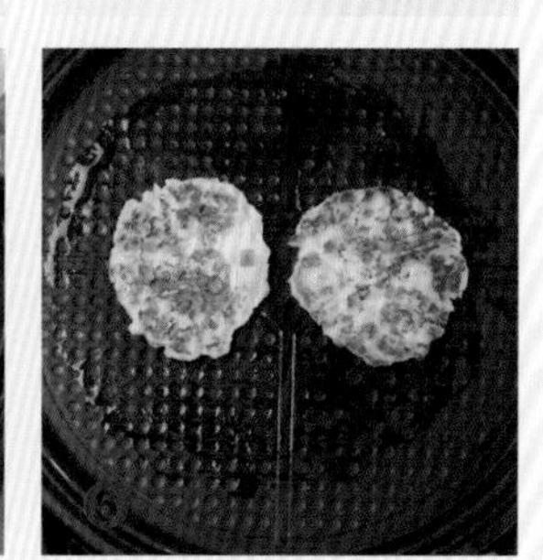

小叮咛

小火煎，以免煎焦，也可以用电饼铛，后者更简单方便。土豆饼之间留有空间，以免粘到一块，不便稍后翻面。

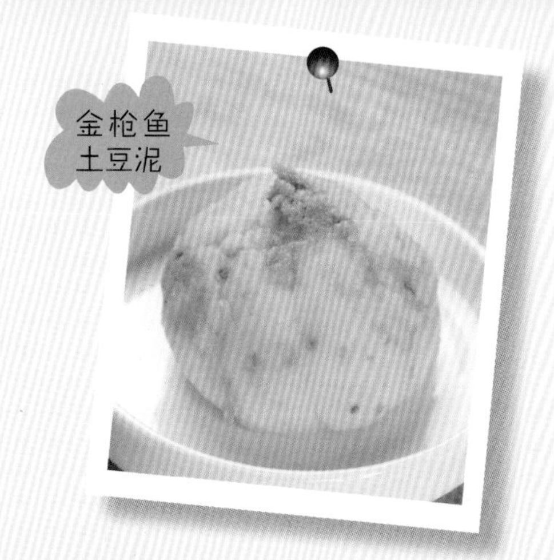

专家点评

土豆是高钾低钠的食材，含有丰富的维生素C，其中的维生素C受土豆淀粉的保护，在烹调中也不易损失，加了蛋黄煎制的土豆饼更香软。

多蔬碎摊蛋黄
妈妈，这个是哪个国家的
地图？

食材准备

胡萝卜半根

芹菜叶适量

香菇2朵

鸡蛋1个

核桃油少许

做 法

1. 鸡蛋洗净取蛋黄，在碗中搅匀。

2. 胡萝卜洗净、去皮、切成碎末，倒入蛋黄液。

3. 香菇泡发、去菇柄、洗净、切成碎末，倒入蛋黄液。

4. 芹菜叶洗净、切成碎末，倒入蛋黄液。

5. 平底锅加核桃油，小火加热，画圈方式倒入搅拌均匀的蛋黄液，摊成一张蛋饼，等底部凝固，蛋饼能滑动后，翻面稍煎即可。

小叮咛

摊鸡蛋时动作要快，以防焦煳。

专家点评

芹菜含有芳香挥发油，可促进宝宝的食欲，还有安定情绪的作用。刚开始添加某种蔬菜的时候，如果尝试几次宝宝都不接受，可以考虑换种做法，或做馅，或与其他口感较好的食材混搭，等宝宝接受后再单独制作。

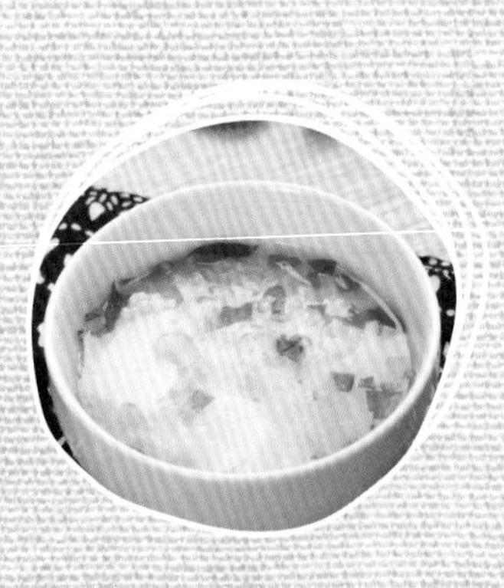

11个月，颗粒大点也不怕

不能再给宝宝吃煮得烂烂的食物了，如果宝宝过了6个月很久之后还在吃糊状食物，就会越来越难改变这种饮食习惯。

每周辅食添加攻略

这个时期的宝宝大部分处于咀嚼期（主要以牙齿咀嚼），添加的辅食也从小颗粒状转变为大颗粒状，以满足宝宝锻炼咀嚼能力的需求。可以给宝宝馒头片啃咬，晚间的辅食也要逐渐过渡到正常的饭，米饭、面条、粥、馄饨都是可以的，水果只作为下午的加餐。

宝宝快1岁了，并不意味着可以随意添加辅食，高致敏的蛋清、贝类等都要1岁以后再添加，盐、糖等调料也要1岁以后添加，蜂蜜可能含有的肉毒芽孢杆菌容易使1岁内的宝宝中毒，也要晚些给宝宝食用。

奶量还是要保证在每天500~700毫升，可以缓慢减量，并减少喂奶次数，尤其是夜奶，逐渐过渡到完全断夜奶，以保证宝宝和妈妈的睡眠，睡眠好也有利于宝宝生长发育。

千叮万嘱

接近1岁可以着手给宝宝夜间的奶减量减次，而不是在1岁后突然断夜奶。注意的是断夜奶不是完全断奶，白天的奶还要保证，可以推迟临睡前那顿奶的时间，在宝宝1岁半之前，母乳或配方奶仍应该是宝宝的主食。

一周食谱举例

周次＼餐次	第1顿	第2顿	第3顿	第4顿	加餐	第5顿	第6顿
周一	小米粥（P046）、蛋黄菠菜泥（P068）	母乳或配方奶	豌豆焖饭（P125）	母乳或配方奶	圣女果2颗	蔬菜肉末面（P092）	母乳或配方奶
周二	鱼松粥（P123）	母乳或配方奶	豌豆焖饭（P125）	母乳或配方奶	苹果1块	呆萌小饭团（P154）、番茄藕饼汤（P144）	母乳或配方奶
周三	白萝卜藕粉羹（P047）、蛋黄菠菜泥（P068）	母乳或配方奶	豌豆焖饭（P125）	母乳或配方奶	香蕉半根	彩椒鸡丝面（P092）	母乳或配方奶
周四	豆腐汤圆（P118）	母乳或配方奶	香菇肉末饭（P121）	母乳或配方奶	梨1块	猫耳朵（P105）	母乳或配方奶
周五	南瓜小米粥（P046）、蛋黄菠菜泥（P068）	母乳或配方奶	肉酱面（P122）	母乳或配方奶	橙子半个	手抓软米饭（P103）、玉米蔬菜汤（P126）	母乳或配方奶
周六	鱼片青菜粥（P123）	母乳或配方奶	蛋包饭（P120）	母乳或配方奶	蓝莓5颗	紫菜手卷（P106）	母乳或配方奶
周日	双色蒸糕（P095）、菠菜泥大米粥（P056）	母乳或配方奶	海鲜豆腐羹（P124）、玉米铜锣烧（P127）	母乳或配方奶	苹果1块	卡通米糕（P094）、玉米浆（P126）	母乳或配方奶

注：食谱后括号中页码为食谱制作方法所在页码。

妈妈要注意的问题

1. 优选天然、健康食物

纯天然的、应季生长的蔬菜和水果，有食物本身特有的形状和气味，反季节食物会用到很多人工手段培植，营养价值低于自然生长的，安全性也有隐患，容易对人体造成损害，对年幼宝宝的身体危害性更大。可以从外观和气味进行初步判断，比如催熟的草莓会长得奇形怪状；催熟的番茄也会失去番茄特有的气味；自然生长的黄瓜不会带有新鲜的黄花，瓜熟蒂落是自然规律，而打了生长素的黄瓜则会带有鲜艳的黄花。

现在也有很多郊区农场供大家游玩、种植和吃农家菜，大人可以带着宝宝一起参与这种活动，使宝宝对自然生长的食物更有感受，大人也更了解如何优选食物，顺便将无污染的天然食物带回家。

畸形草莓　　正常草莓

2. 关于加工食品

加工食品不是绝对不能给宝宝吃，宝宝的第一口辅食——婴儿米粉就是加工食品，在宝宝磨牙期可以给予专门的磨牙饼干，很多妈妈也会自己在家给宝宝做，这样可以尽量不放不利于健康的添加剂。不能给宝宝吃的是那些过度加工的食品，食品配料表中添加的成分越多越不好，膨化油炸、过多糖盐的食品更应杜绝。

3. 尝试带馅食物

把宝宝不爱吃的食物隐藏在馅料中是帮宝宝养成均衡饮食习惯的好方法。一个个的带馅食物，视觉感觉上不需要处理一堆的食物了，对于不爱吃饭的宝宝，心理负担会小些，无形中会多吃些。除了在馅料上下工夫，外皮也可以混入不同颜色的菜汁、果汁，做成五颜六色的，提升宝宝食欲。

4. 培养正确的饮食习惯

多数宝宝在1岁左右开始练习走路了，可能会减少对食物的兴趣，这时候大人千万不能追着喂饭，还是要让宝宝在固定的地方吃饭，过了饭点就收走餐具，要想吃就只能等下顿，重复几次宝宝就会建立吃饭的规矩，这样宝宝养成了好的饮食习惯，大人也省心。

豆腐汤圆
这个球球的口感真棒！
我来研究研究。

食材准备

豆腐1块

猪里脊肉1块

香葱1棵

面粉少许

做　法

1. 豆腐洗净、捣碎。

2. 猪里脊肉洗净、剁成末。

3. 面粉铺满小碗底部，挖个坑。

4. 用勺子取一勺豆腐碎，中间放猪肉，再盖上一层豆腐，压紧。

5. 放到面粉碗的坑里，画圈式摇碗，让豆腐团在面粉碗里滚动，均匀沾裹上面粉。

6. 烧开一锅水，维持小火，将成型的豆腐汤圆沿锅沿放入水中，待汤圆浮起，和汤一起盛入碗中。

7. 香葱取一截，洗净切末，撒入豆腐汤圆汤碗中。

小叮咛

豆腐和猪肉都不要做成泥状，而是有点颗粒感。豆腐汤圆一定要压紧实，裹上足够多面粉，以免煮的过程中散开。

专家点评

豆腐与猪肉搭配，汤鲜没有豆腥味，而且动物蛋白质和植物蛋白质营养互补。豆腐汤圆还可作为馅料，包上饺子皮，做成豆腐饺子，蒸熟后让宝宝抓握着食用。

蛋包饭

食材准备

猪里脊肉1块　　大米50克

香菇2朵　　香葱1棵

莴笋半根　　核桃油适量

鸡蛋2个

做　法

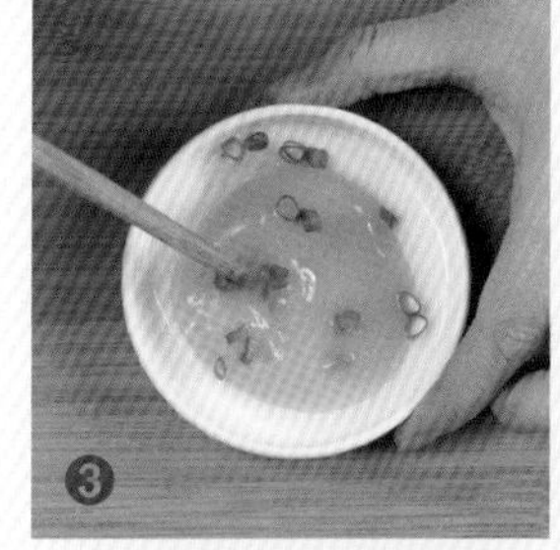

1. 猪里脊肉洗净后剁成肉末。

2. 香菇泡发、去柄、洗净，剁成末。

3. 莴笋洗净、去皮、剁成末。

4. 大米淘洗后用清水浸泡半小时，和肉末、香菇末一起放入锅中，拌匀，加3倍米量的水煮成软饭，拌入莴笋末。

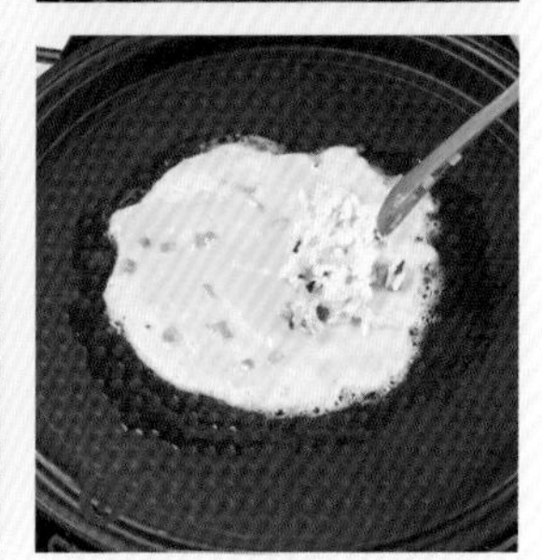

5. 鸡蛋洗净后取蛋黄，在碗中搅匀，撒入葱末再搅匀。

6. 锅中加核桃油，小火加热，画圈方式倒入蛋黄液，滑动锅摊成均匀的蛋饼。

7. 待蛋饼底部凝固，可滑动时，熄火，将杂饭放入半边蛋饼，将另一半盖过成蛋包饭。

小叮咛

注意用火和油温，以免煳锅，蛋饼底部凝固后就可熄火，利用锅中预热使蛋包饭完全成型。

专家点评

莴笋清新爽口，有促进消化、镇定安神的作用，可生吃，煮饭后再加入，不会因为焖饭时间过久而使莴笋变黄。蛋包饭可以变换不同造型让宝宝百吃不腻。蛋皮所包裹的米饭也可以单独给宝宝食用。

肉酱面

食材准备

猪里脊肉1块　　藕粉少许
番茄1个　　核桃油少许
宝宝面条1把

做　法

1. 猪里脊肉洗净后剁成肉末。
2. 番茄洗净、去蒂，开水烫过去皮，切碎。
3. 锅中加核桃油，大火加热后倒入肉末，转小火稍煸炒后捞出。
4. 锅中留底油，倒入番茄碎，小火煸炒至番茄烂糊，倒入肉末一块翻炒。
5. 藕粉用凉水化开后以画圈方式倒入锅中，炒成浓稠的番茄肉酱。
6. 烧开一锅水将面条煮熟煮软后捞出，将肉酱盖在面条上。

肉末蒸茄子

食材准备

猪里脊肉1块
茄子半根

做　法

1. 猪里脊肉洗净后剁成肉末。
2. 茄子洗净、切碎。
3. 碗中先放入茄子碎，再铺上肉末，上锅蒸熟。

专家点评

茄子皮营养比肉更丰富，富含黄酮类物质，可保护宝宝较弱的心血管，制作辅食时保留为佳。

鱼片青菜粥

食材准备

草鱼肉片适量

油麦菜1棵

大米50克

做　法

1. 鱼片剔除干净鱼刺，清水冲洗干净备用。

2. 油麦菜洗净、切碎。

3. 大米淘洗后加4倍米量的水，煮成粥，倒入铁锅，小火加热，滑入处理好的鱼片，稍煮片刻，再倒入油麦菜碎，拌匀即可盛出。

鱼松粥

食材准备

鳕鱼肉一块

大米50克

做　法

1. 鳕鱼上蒸锅隔水大火蒸15分钟，剔除鱼骨后放入平底锅小火炒至微黄。

2. 大米淘洗后加4倍米量的水，煮成粥，加入鱼肉松。

小叮咛

炒鱼松要有耐心，不断翻炒，小心不要炒煳。

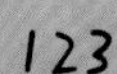

虾仁蒸豆腐

食材准备

内酯豆腐 1 块　　胡萝卜半根
鲜虾 3 尾　　芦笋 1 根

做　法

1. 内酯豆腐放入碗中，捣碎。

2. 鲜虾洗净、去壳和头尾，挑去虾线，剁碎，拌入豆腐中。

3. 胡萝卜、芦笋分别洗净，去皮，剁碎后拌入豆腐中，隔水蒸至虾肉由透明转红。

海鲜豆腐羹

食材准备

内酯豆腐 1 块　　胡萝卜半根
猪里脊肉 1 块　　西蓝花 3 朵
虾仁 3 个　　土豆淀粉少许
香菇 3 朵

做　法

1. 猪里脊肉和虾仁分别洗净、切丁。

2. 胡萝卜洗净、去皮、切丁；香菇泡发、去菇柄、洗净、切丁；西蓝花洗净，用沸水烫过后切碎。

3. 锅中倒 2 碗清水，大火烧开后放入豆腐，用锅铲将豆腐切成小块，随即放入猪肉丁、虾仁丁、香菇丁、胡萝卜丁，煮沸后转小火煮 10 分钟。

4. 加淀粉调匀成羹后放入西蓝花碎末，再煮 2 分钟即可盛出。

豌豆焖饭

食材准备

豌豆1勺　　大米50克
鸡胸脯肉1块　　核桃油少许
胡萝卜半根

做　法

1. 鸡胸脯肉洗净、切丁。胡萝卜洗净、去皮、切丁。豌豆洗净。

2. 大米淘洗后浸泡半小时，和鸡肉丁、胡萝卜丁、豌豆一起放入锅中，拌匀，加核桃油，加3倍米量的水煮至饭熟。

专家点评

豌豆吃多容易胀气，开始的时候少量添加。盛给宝宝的豌豆饭用勺子把豌豆压碎，以免有些整颗豌豆被宝宝囫囵吞下卡住气管。

豌豆蘑菇汤

食材准备

豌豆1勺
猪里脊肉1块
口蘑2个

做　法

1. 猪里脊肉洗净、切丁。口蘑洗净、切丁。豌豆洗净、碾碎。

2. 锅中倒入2碗清水，大火烧开后放入猪肉丁、蘑菇丁和豌豆，煮沸后转小火煮至猪肉变色，再煮2分钟，和汤一起盛出。

专家点评

口蘑富含蛋白质和真菌多糖，可提升宝宝免疫力，煮汤味道鲜美，可满足宝宝日益挑剔的口味。注意，有的宝宝可能会对蘑菇过敏，之前有蛋白过敏史的宝宝建议1岁后再食用。

玉米浆

食材准备

玉米1个
温水适量

做　法

玉米去壳去须后，掰下玉米粒，洗净，蒸熟或煮熟后放入搅拌机，加温水，搅打成玉米浆。

小叮咛

可根据宝宝喜好调整加水量，做成稀稠适合的玉米浆。

玉米蔬菜汤

食材准备

玉米1个
番茄1个
黄瓜半根

做　法

1. 番茄洗净、去蒂，开水烫后去皮，切丁。黄瓜洗净、切丁。玉米去壳、去须，掰下玉米粒，洗净。

2. 锅中倒入2碗水，大火烧开，放入玉米粒、番茄丁和黄瓜丁，煮沸后转小火，煮至黄瓜丁和玉米粒变软，和汤一块盛入碗中。

专家点评

黄瓜皮的营养价值高于肉，只要清洗干净，最好是连皮一块吃。

玉米铜锣烧

食材准备

玉米粉 20 克
面粉 30 克
鸡蛋 1 个
红豆 50 克
温水少许

做 法

1. 红豆洗净后放入电高压锅，加水没过，按下煮豆键煮熟，取出放入搅拌机，加少许温水搅打成泥。

2. 鸡蛋洗净后取蛋黄，放入面盆打匀，加入过筛的玉米粉、面粉，并加适量清水，搅拌均匀成面糊。

3. 平底锅小火加热，用勺子取一勺面糊垂直滴落在锅底，摊成小圆饼，底部凝固、表面有气泡时可铲起翻面，煎至两面金黄后取出。在两张小圆饼中间抹上红豆泥,压紧做成铜锣烧。

小叮咛

有打蛋器的最好先用打蛋器打发鸡蛋和打匀面糊，做成的小圆饼又软又圆。面糊稀稠程度以筷子挑起面糊缓慢滴落为宜，面糊太稀则做成的圆饼不够圆。

专家点评

红豆利尿消肿，能养心，有的宝宝会对豆类蛋白质过敏，1 岁左右尝试添加较为合适。玉米粉质地较粗，加适量面粉和鸡蛋可使制作出的铜锣烧更软和，鸡蛋有乳化和增香的作用。

1~1.5 岁，能吃整个鸡蛋啦

宝宝满 1 周岁啦！周岁历来被视作宝宝成长过程中的里程碑，要拍周岁照，民间还有“抓阄”的习俗。1 岁之后的宝宝不再是小婴儿啦，各器官系统发育进一步成熟，进入了可以在饮食中添加糖、盐的幼儿阶段，饮食也可以更加多样化了。

每周辅食添加攻略

1岁以后的宝宝，除了可以跟着大人的时间吃一日三餐，要在上午和下午的两餐之间，包括睡前，给宝宝喂一次奶。

这时候的宝宝，乳牙已经萌出，可逐渐添加固体食物，不过宝宝的咀嚼能力有限，应尽量多选择容易做软烂的食材，大块食材要剁烂切碎。

开始学习走路的宝宝对新的口味和食物很感兴趣，宝宝口味的突然变化也不要太惊讶，比如原先一直喜欢吃的食物突然就不想吃了，要多给他尝试不同的食物，同一种食物也要多尝试几种制作方法。

只要给宝宝提供的都是健康食物，他就会逐渐形成自己的均衡饮食，大人不过分强调一些食物，就不会给宝宝灌输相应的信息，造成挑食偏食的习惯。只要大人自己不吃“垃圾食品”，至少不在宝宝眼前吃，就不用担心宝宝会热衷于有损健康的食物。

千万叮嘱

宝宝的三餐是辅食哦，别吃大人的饭菜，如果宝宝对大人饭菜好奇，想尝试，妈妈不妨吃一吃宝宝的食物，宝宝看见了，就容易模仿。

一周食谱举例

周次＼餐次	第1顿	第2顿	第3顿	第4顿	加餐	第5顿	第6顿
周一	嫩滑全蛋羹（P134）、奶香核桃黑米糊（P147）	母乳或配方奶	清蒸鳕鱼（P142）、玉米蔬菜汤（P126）手抓软米饭（P103）	母乳或配方奶	圣女果2颗	五彩动物意面（P152）	母乳或配方奶
周二	猪里脊肉末蒸蛋羹（P135）、山药杏仁羹（P147）	母乳或配方奶	龙利鱼柳汤面（P143）、小炒西瓜翠衣（P150）	母乳或配方奶	苹果1块	香菇肉末饭（P121）、白煮蛋碎拌沙拉（P140）	母乳或配方奶
周三	馒头片、奶香核桃黑米糊（P147）	母乳或配方奶	五彩虾仁蛋炒饭（P138）、玉米蔬菜汤（P126）	母乳或配方奶	香蕉半根	鲅鱼饺子（P143）	母乳或配方奶
周四	奶香核桃黑米糊（P147）、厚蛋烧（P136）	母乳或配方奶	海带排骨汤（P146）、彩虹杂蔬软饭（P102）	母乳或配方奶	梨1块	什锦小软面（P105）、红烧鸡腿（P141）	母乳或配方奶
周五	黄豆豆浆、蔬菜荷包蛋三明治（P140）	母乳或配方奶	肉酱面（P122）	母乳或配方奶	橙子半个	手抓软米饭（P103）、苦瓜酿肉（P148）、玉米蔬菜汤（P126）	母乳或配方奶
周六	五谷豆浆、厚蛋烧（P136）	母乳或配方奶	手抓软米饭（P103）、香煎三文鱼（P142）、玉米蔬菜汤（P126）	母乳或配方奶	蓝莓5颗	豌豆焖饭（P125）	母乳或配方奶
周日	五谷豆浆、蔬菜荷包蛋三明治（P140）	母乳或配方奶	手抓软米饭（P103）、蒸素三丁（P111）、丝瓜肉丸汤（P146）	母乳或配方奶	苹果1块	呆萌小饭团（P154）、番茄藕饼汤（P144）	母乳或配方奶

注：食谱后括号中页码为食谱制作方法所在页码。

妈妈要注意的问题

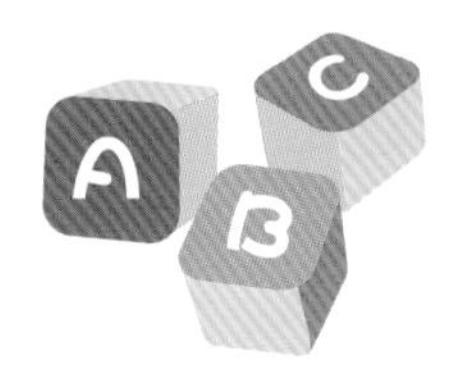

1. 辅食不可喧宾夺主

宝宝1岁之后，如果妈妈产奶量少，可以添加配方奶作为补充。宝宝1岁半之前以母乳、配方奶为主食，才能保证相对高密度的能量摄入，如果辅食比例过大则不利于宝宝的生长发育，1~1.5岁的宝宝每天保证400~600毫升的奶量是合适的。

2. 不能和大人吃得一样

如果家里的大人平时吃饭口味比较重，千万别尝试把自己的菜喂给宝宝吃，虽然1岁后的宝宝可以接受盐和糖之类的调味品了，但过多的盐和糖还是会给宝宝的身体造成负担，长大后患高血压、心脏病和肾病的风险也会增加，宝宝一旦尝试过口味较重的食物，就会开始拒绝自己口味清淡的营养辅食。

1岁之后的宝宝肠胃还比较娇弱，大人饭菜的质地略为粗糙，宝宝吃了之后也容易消化不良，影响营养的吸收。天气热的时候也尽量不要给宝宝吃冰镇的食物。

3. 可以吃整蛋了，不要贪多

为了减少宝宝过敏情况的发生，鸡蛋清要等宝宝过了1岁再给他吃。要注意的是，鸡蛋营养虽好，但3岁前的宝宝肠胃功能还没有完全成熟，吃得过多会给宝宝的肠胃增加负担，严重时还会引起消化不良性腹泻。建议每天或隔天吃一个全鸡蛋为宜，按蒸蛋、煎蛋、白煮蛋顺序缓慢尝试添加，一旦宝宝表现不适，暂停几天。

1~3岁宝宝每天蛋类、鱼虾肉、禽肉、畜肉总量100克，即可满足宝宝一天蛋白质所需，相当于一个鸡蛋再加50克左右的肉类。

4. 断夜奶

这个阶段可以尝试给他断夜奶，晚间的那顿辅食尽量让宝宝一次吃饱，增加食物固形物含量，而不要用稀汤粥，推迟临睡前那顿奶的时间，减少夜间喂奶次数，并适量用白开水替代，直至宝宝完全不需要夜间喝奶。宝宝夜间的翻身、哭闹并不一定是饿了，有时候妈妈的拥抱安抚会让宝宝尽快安静下来。

嫩滑全蛋羹

食材准备

鸡蛋1个

凉开水适量

盐微量

做法

1. 鸡蛋用清水洗净外壳后磕入碗中，加入盐，用筷子顺时针轻轻搅打，一边搅打一边缓缓加入与鸡蛋等量的凉开水，直至搅打均匀。

2. 用滤网滤去蛋液中的絮状物。

3. 蒸锅加水烧开，盛放蛋液的容器盖上盖，放入蒸锅，隔水大火蒸1~2分钟，转小火蒸10~15分钟。随时观察蛋羹蒸制情况，成型即可。千万不要全程大火，或小火蒸得时间太长，那样蛋羹会老。

小叮咛

蒸锅水烧开后再蒸是为了避免蒸煮时间过长蛋羹太老。

滤网过滤是为了使蛋羹更嫩滑，家用豆浆机配的滤网就可以，没有滤网的可以用纱布替代。

专家点评

盐的用量一定要少到几乎没有，加一点点盐是为了促进凝结，味觉正在发育成熟的宝宝也更乐于接受。

鸡蛋富含优质蛋白质，主要是卵白蛋白和卵球蛋白，这两种蛋白质与人体蛋白质组成接近，是宝宝生长发育所必需的，吸收率也高。

猪里脊肉末蒸蛋羹

食材准备

鸡蛋1个
猪里脊肉1块
温水适量
盐微量

做　法

1. 将猪里脊肉洗净，剁成肉泥，或者用搅拌机打成肉泥也可。

2. 鸡蛋按照P134嫩滑全蛋羹制作步骤1、2处理，在过滤好的蛋液中加入肉泥，稍微搅拌一下，就可以放入水烧开的蒸锅，按照P134嫩滑全蛋羹步骤3隔水蒸了。

太阳蛋

小叮咛

炒胡萝卜末的油尽量少，以免影响造型和口感。

食材准备

鸡蛋1个
胡萝卜半根
橄榄油适量
温水适量
盐微量

做　法

1. 将胡萝卜洗净、去皮，切成碎末。

2. 胡萝卜末用橄榄油在炒锅中稍微干煸，盛起备用。

3. 在P134嫩滑全蛋羹上按照太阳形状铺好胡萝卜末。

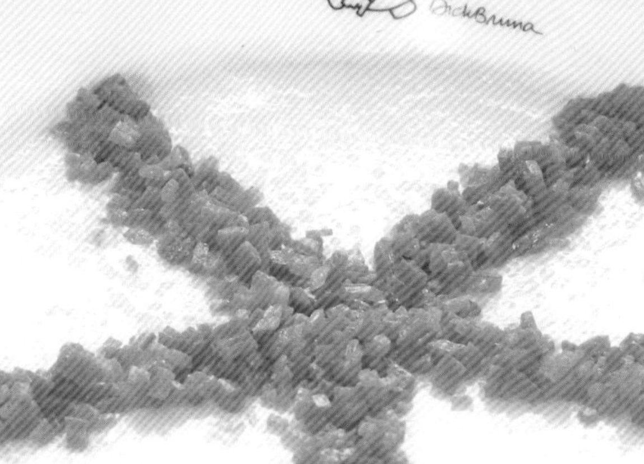

厚蛋烧

食材准备

鸡蛋2个

番茄1个

香葱1棵

橄榄油适量

盐微量

做　法

1. 将番茄洗净、去蒂，开水烫去皮，切末。香葱去根、洗净，切碎末。

2. 鸡蛋洗净后磕入碗中，加盐搅匀，再放入番茄末和葱末拌匀。

3. 平底锅倒入橄榄油，均匀铺满锅底，小火加热，混合蛋液以画圈方式缓缓倒入锅底，均匀铺满。

4. 蛋液凝固后从一边向另一边卷蛋皮，卷成蛋卷。

5. 将蛋卷推到一边，再倒入剩余蛋液，重复上述步骤，最后形成一个厚厚的蛋卷，盛出切块。

小叮咛

番茄的量不要太多，多了不好成型，不好把握的话刚开始可以少放点。小火煎不易焦煳。蛋液多、锅不大的可以分次煎，简单点的也可以煎一次，卷成蛋卷后就可以直接出锅。

专家点评

无论从营养还是口感上而言，番茄和鸡蛋都是绝配，除了做番茄炒蛋、番茄鸡蛋汤，做成厚蛋烧的形式也会让宝宝耳目一新。还可以加入不同的蔬菜、肉类做成多种口味的厚蛋烧。

五彩虾仁蛋炒饭

食材准备

鸡蛋1个
虾仁5个
绿柿子椒1个
红柿子椒1个
洋葱1个
大米50克
核桃油适量
盐微量

做法

1. 将大米淘洗后加2倍米量的水煮成米饭。

2. 鸡蛋洗净后磕入碗中，加盐搅打均匀。

3. 绿、红柿子椒去蒂，洗净后切小粒。洋葱洗净后切小粒。虾仁洗净。

4. 锅中倒入核桃油，大火加热后倒入洋葱稍煸炒，盛出。锅中留油，以画圈方式倒入鸡蛋液，凝固后用锅铲切小块，快速倒入除米饭之外的其他食材，翻炒片刻后倒入米饭，翻炒均匀后盛出。

小叮咛

米饭不宜煮太软，易煳锅。洋葱先用油煸炒，刺激性气味会减少许多，口感也更软。

专家点评

洋葱可促进宝宝食欲，有助消化，还有杀菌散寒防感冒的作用。柿子椒富含维生素C，与洋葱和富含优质蛋白质的虾仁搭配，更可增强宝宝的体质。

红枣炖蛋

食材准备

鸡蛋1个
红枣2颗

做　法

1. 红枣洗净、去核、切小块。

2. 锅中倒入2碗水，大火煮沸后放入红枣。

3. 鸡蛋洗净外壳，磕入锅中，再次煮沸时转小火稍煮片刻，和汤一起盛入碗中。

荷包蛋面

小叮咛

鸡蛋打在面条上，不容易煳锅。

食材准备

鸡蛋1个
菜心1棵
挂面1把
核桃油适量
盐微量

做　法

1. 菜心洗净后切小段。

2. 锅中倒入3碗水，大火煮沸后放入挂面，鸡蛋洗净外壳，待面条煮软后磕入锅中。

3. 荷包蛋成型时放入菜心，加盐，拌匀，稍煮片刻，和汤一起盛入碗中。

蔬菜荷包蛋三明治

食材准备

鸡蛋1个　　全麦切片1片
生菜1片　　凉开水

做　法

1. 鸡蛋洗净后磕入平底锅，不加油嫩煎，成型立即捞出盛入碗中。

2. 生菜用清水洗净后再用凉开水冲洗一遍。

3. 全麦切片去除四周的硬边，在一片切片上依次放上生菜和嫩煎荷包蛋，盖上另一片，切成小块。

白煮蛋碎拌沙拉

食材准备

鸡蛋1个　　生菜1片
圣女果2颗　　凉开水
玉米1根　　橄榄油适量

做　法

1. 鸡蛋洗净后煮水煮蛋，去壳，切小块。

2. 圣女果用凉开水洗净、切小块；生菜用凉开水洗净、撕成小片，沸水中稍烫；玉米掰下粒，洗净后用沸水烫熟。

3. 食材放入碗中，加橄榄油拌匀。

专家点评

色泽偏绿的初榨橄榄油适合用于做凉拌菜，是沙拉的最佳伴侣，有利于食材中脂溶性维生素的吸收利用，用于煮菜也是可以的。

红烧鸡腿

食材准备

小鸡腿2个
白糖少许
酱油少许
姜2片
料酒少许
橄榄油适量

做法

1. 鸡腿洗净后用刀在两面切三刀，拉个口子便于入味，再加酱油、料酒、姜、白糖腌半小时。

2. 锅中倒入橄榄油，小火加热，放入鸡腿和腌鸡腿的料汁，随即倒入适量清水，小火慢炖，注意翻面，肉熟收汁即可盛出。

清蒸小排

食材准备

猪肋排1根
盐微量

做法

猪肋排洗净、斩小段，加盐的沸水中烫去浮沫，整齐码入盘中，上锅隔水蒸熟。

小叮咛

排骨选带软骨的寸排更佳，肉质细嫩，骨头细小。煮熟后注意剔除骨头渣，给宝宝的是整齐方正可用手取握的小排骨。

香煎三文鱼

食材准备

三文鱼 1 块
西蓝花 2 朵
橄榄油适量
柠檬汁 3 滴
盐微量

做　法

1. 三文鱼洗净后切小块，加盐和柠檬汁腌 10 分钟。

2. 锅中加橄榄油，小火加热，放入三文鱼块，两面煎香，过程大概耗时 3 分钟，取出装入盘中。

3. 西蓝花用沸水烫熟，取出放在三文鱼旁边。

清蒸鳕鱼

食材准备

鳕鱼 1 块
姜 2 片
酱油少许

做　法

1. 鳕鱼去皮、洗净后放入碗中。

2. 放上姜片，上锅隔水大火蒸 15 分钟左右至熟，取出后剔除大鱼骨，浇少许酱油。

小叮咛

鳕鱼皮腥味较重，且带有鳞片，将鱼皮去除为佳。

鲅鱼饺子

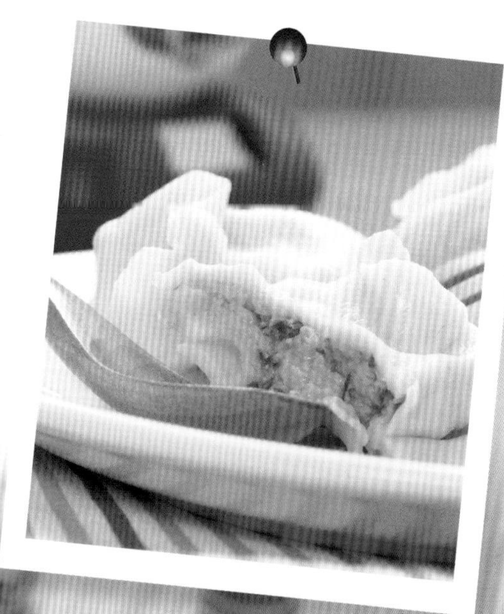

食材准备

鲅鱼 1 条
韭菜 50 克
饺子皮若干
盐微量
料酒适量

做 法

1. 鲅鱼洗净后取肉，剁成肉泥。

2. 韭菜洗净、切碎后混入肉泥，加盐、料酒，拌匀。

3. 饺子皮中间放上肉馅，将皮对折捏紧即成饺子。

4. 烧开一锅水，下饺子，煮沸后加适量凉水，共添加三次凉水，饺子完全浮于水面，即可捞出食用。

小叮咛

煮饺子要添加三次凉水，一次让皮熟，后两次让馅熟透，而不至于皮破露馅。韭菜量不宜多，以免气味过冲宝宝不接受。

龙利鱼柳汤面

食材准备

龙利鱼 1 块
番茄 1 个
手擀面
柠檬汁 3 滴
盐微量

做 法

1. 烧开水，放入手擀面稍煮片刻，捞出。

2. 龙利鱼解冻、洗净、切小块，加盐、柠檬汁腌 10 分钟。番茄洗净、去蒂，开水烫去皮，切小块。

3. 另起锅，倒入 3 碗水，大火煮沸后倒入番茄，煮至番茄软烂，放入面条和龙利鱼，煮熟后和汤一起盛入碗中。

番茄藕饼汤
妈妈偷偷地告诉我，这
是她的“私房菜”，爸
爸知道嘛？

食材准备

番茄1个
藕1段
香菇3朵
核桃油适量
红薯淀粉适量
盐微量

做 法

1. 藕清洗干净、去皮、切丝；香菇泡发后洗净，切碎末；番茄洗净、去蒂，开水烫去皮，切小块。

2. 红薯淀粉加适量水调成糊，加入藕丝、香菇碎末和盐，搅拌均匀。

3. 平底锅倒入核桃油，小火加热，均匀将面糊铺满锅底，一面煎熟后再煎另一面。

4. 烧开一锅水，放入番茄，再将煎好的藕饼切成一条条后放入锅中，煮沸后转小火，煮至番茄软烂，和汤一起盛入碗中。

小叮咛

藕孔的泥沙注意去除干净，可用筷子插入捅几下。去皮的藕放置在空气中过久容易氧化变色，可以将切好丝的藕先泡入水中。

专家点评

用淀粉包裹其他食材烹调可尽量保留该食材中的营养，不受加热和氧化的破坏。红薯淀粉烹调熟后颜色会转为透明，也是制作各类肉丸子的常用“黏合剂”。

丝瓜肉丸汤

食材准备

丝瓜1根　　核桃油适量
猪五花肉1块　　红薯淀粉适量
白萝卜半根　　料酒适量
老豆腐1块　　酱油适量

做　法

1. 猪五花肉洗净、切小粒；白萝卜洗净、去皮、切小粒；豆腐洗净、切小粒。三者同放入一个大盆。

2. 往盆中加入红薯淀粉、核桃油、料酒、酱油，搅拌均匀、上劲，从手的虎口一个个挤出，投进烧开的水中。

3. 丝瓜洗净、去皮、切小段，待锅中肉丸上浮时投入，加核桃油稍煮片刻，和汤一块盛入碗中。

海带排骨汤

食材准备

猪肋排1根
干海带1小碗

做　法

猪肋排洗净、切小段，海带泡发、洗净、切小段，一起放入高压锅，加水没过，煮成汤。

小叮咛

海带浸泡得时间可以长一些，会煮得更软。

奶香核桃黑米糊

食材准备

大米20克
黑米50克
核桃肉1个
牛奶适量

做　法

大米、黑米淘洗后加3倍米量的水煮成软饭，和核桃肉一起放入搅拌机，倒入适量牛奶，搅拌成米糊。

山药杏仁羹

食材准备

山药半根
甜杏仁1个

做　法

1. 甜杏仁洗净，用清水浸泡2小时，去皮。
2. 戴上手套，将山药洗净、去皮后切丁，和甜杏仁一起放入搅拌机，搅打成汁。
3. 山药杏仁汁倒入锅中，用小火慢熬成山药杏仁羹。

专家点评

杏仁有止咳平喘、滋润肌肤的作用，日常食用要选用甜杏仁，甜杏仁味道香甜。山药富含黏蛋白，可保护宝宝脆弱的胃壁，有补虚、润肺、益气的作用。这道辅食特别适合咳嗽期的宝宝。

苦瓜酿肉

食材准备

猪里脊肉1块

苦瓜1根

鸡蛋1个

土豆淀粉少许

料酒少许

白糖少许

盐微量

做 法

1. 猪里脊肉洗净，用搅拌机打成肉泥，加入鸡蛋、淀粉、料酒、盐，搅匀。

2. 苦瓜洗净后横切成一个个3厘米左右的段，挖去籽和瓤，沸水烫过后放入凉水中。

3. 将肉馅塞入苦瓜中，压紧实，上锅大火蒸10分钟。

4. 将苦瓜蒸出的汤汁加盐、糖、淀粉调匀调味，浇到苦瓜上。

小叮咛

苦瓜用凉水浸泡可保持翠绿的色泽，蒸得时间过长容易变黄。

专家点评

苦瓜有消炎消暑、健脾开胃的作用，十分适合夏季以及宝宝出热疹的时候食用。其苦味物质起主要作用，沸水烫过可去除部分苦味，与肉的味道混合也会掩盖部分苦味，宝宝比较容易接受，但也不用为了将苦味去除干净反复漂烫。

小炒西瓜翠衣
妈妈说这玩意夏天吃最好啦，再也不用担心我长痱子。

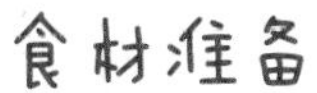

西瓜皮1块

核桃油适量

盐微量

糖少许

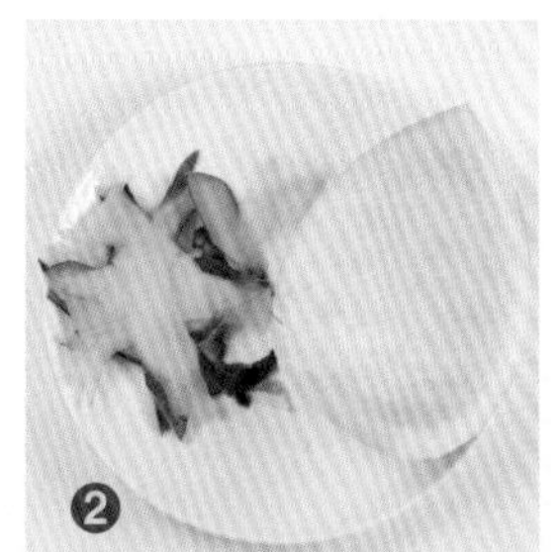

做　法

1. 将西瓜皮去除外皮和吃剩的红色果肉，只留下浅绿色部分，切成丝。

2. 西瓜皮丝放入碗中，加入盐、糖腌10分钟。

3. 锅中倒入核桃油，大火烧热，倒入西瓜皮丝爆炒至软，盛入碗中。

小叮咛

西瓜皮不易炒软，炒得时间太长就会变黄，口感也不好。为了方便宝宝咀嚼，做成辅食的时候还是要切成丝或细条。

专家点评

中医称西瓜皮为“西瓜翠衣”，有清热解暑、生津止渴、利尿美肤的作用。天气炎热的时候很多宝宝爱长痱子，可以给他吃这道辅食。

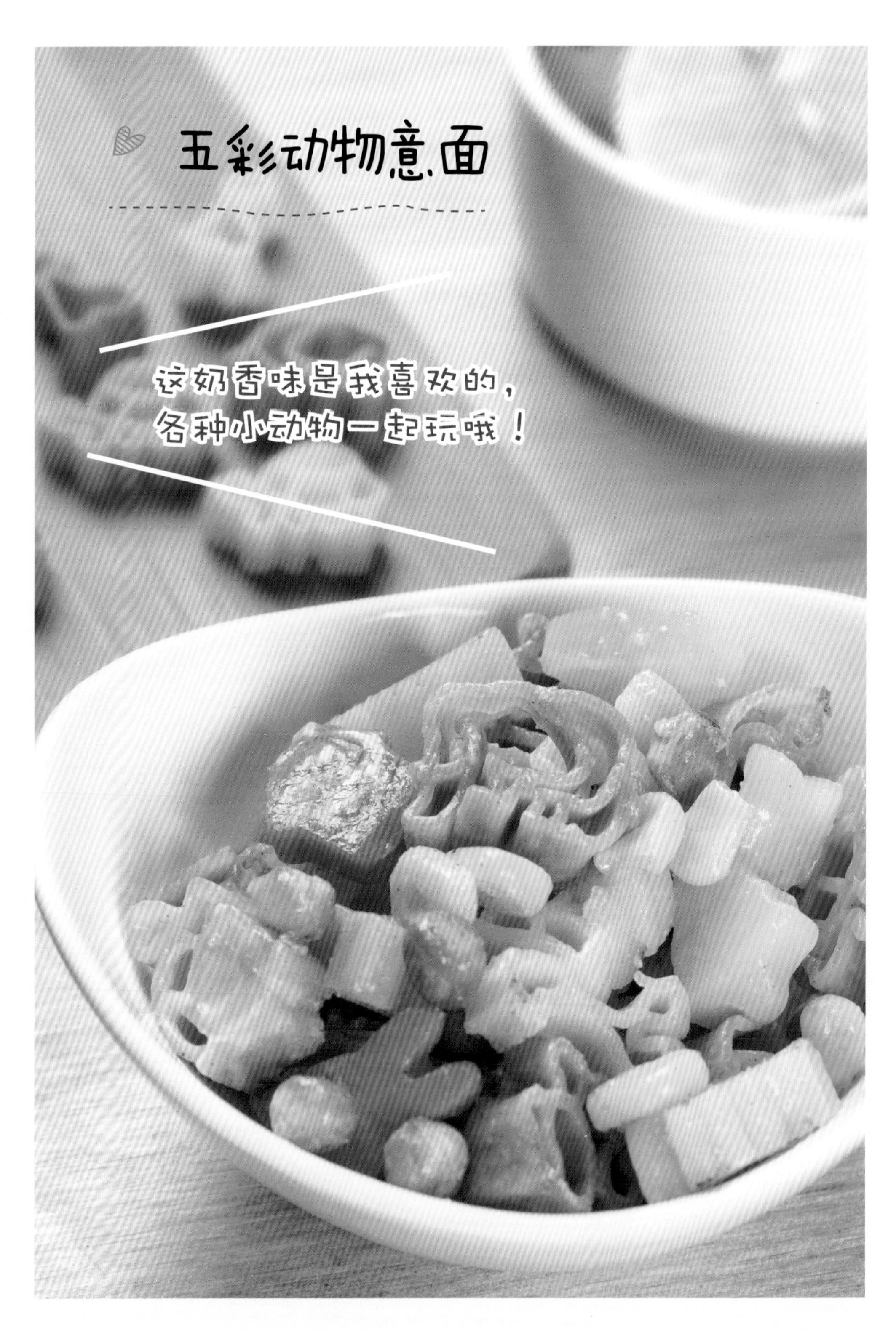
五彩动物意面
这奶香味是我喜欢的，
各种小动物一起玩哦！

食材准备

动物意面50克

胡萝卜半根

莴笋半根

玉米1根

豌豆适量

核桃油适量

奶酪1片

做 法

1. 胡萝卜、莴笋分别洗净，去皮、切厚片后用模具造型。玉米掰下粒，和豌豆一起洗净。

2. 烧开一锅水，放入动物意面，大火煮至面变软。

3. 锅中倒入核桃油，大火烧热，倒入豌豆、玉米稍煸炒，再倒入胡萝卜，翻炒至豌豆变软。

4. 倒入莴笋和动物意面，翻炒1分钟，加入芝士片，熄火，用余热将芝士片融化，拌匀后盛入碗中。

小叮咛

意面一般较硬，刚开始给宝宝添加一定要煮透煮软，一般15~20分钟，筷子一夹即断就可以。要给宝宝选购低盐、少添加物的奶酪，购买时注意食品配料表。

专家点评

奶酪、芝士其实是一种东西，是液态奶经过适当处理后做成，同等量的液态奶和芝士，后者营养物质含量更多，是宝宝补钙的佳品，也是调配辅食的神器，增加了奶香和润滑的口感。各种质地的食材组合，可锻炼宝宝的咀嚼能力，可爱的动物造型搭配五彩缤纷、形状各异的蔬菜，不爱吃蔬菜的宝宝也会乐于尝试。

呆萌小饭团
妈妈大人还蛮有艺术天分的，我就勉强配合下啦，貌似味道还不错。

食材准备

大米100克　　胡萝卜半根
烤紫菜1张　　西蓝花1个
芝士片1片　　圣女果2颗
鸡蛋1个　　核桃油适量
鹌鹑蛋1个

做　法

1. 大米淘洗后加3倍米量的水做成软米饭。

2. 西蓝花摘成小朵，洗净后用沸水烫熟；圣女果洗净；胡萝卜洗净、去皮，用模具造型。

3. 鸡蛋洗净取蛋黄，取2/3米饭，拌入蛋黄，放入加了核桃油的锅中，小火炒匀。

4. 取一张保鲜膜，取适量拌了鸡蛋的米饭放在上边，抱紧拧成长条，作小黄人的身体。用紫菜、芝士片装饰。

5. 鹌鹑蛋洗净，水煮熟后去壳，用胡萝卜、紫菜作装饰做成小鸡模样。

小叮咛

米饭做成有黏糊感便于后期造型，对纯手工造型没有信心的妈妈也可以购买专门给饭团造型的模具。

专家点评

这道辅食专治不爱吃饭的宝宝，边讲故事边让宝宝把各种营养的食物吃进肚子里。简单点的，也可以将各色蔬菜、肉类与米饭拌匀，捏紧成一个个饭团球。

专题 1

妈妈宝宝一起来，造型小面点

我家孩子不爱吃饭，倒是挺喜欢吃面食，我就琢磨着怎么做他能多吃点，总不能老吃面吧。像这些造型可爱的小面点马上引起齐齐的兴趣了，我在做的时候他也跃跃欲试，我就揪了一个小面团给他玩，总比橡皮泥环保吧。小家伙还挺有创意，做了个胖胖的小马，因为他属马的，我让他再做个小猪和小狗（我属猪，老公属狗），他还不乐意，说是不能吃爸爸妈妈，我感动得眼泪哗哗的。自己动手做的食物吃着也香，齐齐一会工夫就干掉几个小面点，妈妈我深感欣慰。

——齐齐妈妈

妞妞像很多孩子一样，不爱吃蔬菜，就爱吃肉，这可愁坏了为娘我，营养不均衡呀。以前的说法，把蔬菜做成饺子包子馅，孩子看不到就吃下去了，这招对我家宝宝不管用，而且在孩子还小的时候，我也不敢给她吃带馅食物，怕她不会很好地处理这类食物。好在有别的妈妈告诉我，现在流行把蔬菜榨汁混到面点中，做出五颜六色的可爱小面点，不仅能勾起娃娃的食欲，还能让她吃进更加丰富的营养，我尝试了一下，妞妞还挺买账，啊呜啊呜吃得好大口，为娘看了也开心啊！

——妞妞妈妈

可爱小面点的初级教程

备料

面粉和水若干　　各色蔬菜若干

酵母　　核桃油适量

做法步骤

1. 面粉和水按照一定比例揉成光滑的面团，干湿度以不黏手、按压面团能回弹为准，太干了加点水，太湿了加点面粉，反复尝试几次就能掌握。期间加入酵母和核桃油，面团要揉透揉匀，待表面光滑时，覆盖保鲜膜静置半小时左右。

2. 根茎类蔬菜洗净后上锅蒸熟，打成泥备用；叶菜类择洗干净后用沸水焯烫，打成泥备用。

3. 将发酵好的面团分成若干份，分别混入各色彩泥，揉匀揉透。

4. 通过各种手法制作可爱的彩色小面点，必要时还可借助工具，如用小剪刀剪出刺猬背部的刺。

5. 凉水上锅，中火蒸 15~20 分钟即可。

啰里啰唆

酵母用量一指甲盖足矣，天气热用量少些，天气冷用量多些，凉水中火慢慢加热有利于酵母最后的充分发酵。

覆盖保鲜膜和加油都是为了锁住面团水分，不干裂、不黏手。

发酵完成的面团还要再次揉透，排出气泡，蒸出的面点才光滑，里边的组织才均匀。

如果加入的菜泥带着菜汁，前期的面团就得稍干，以免后期还得再加面粉重新揉面。

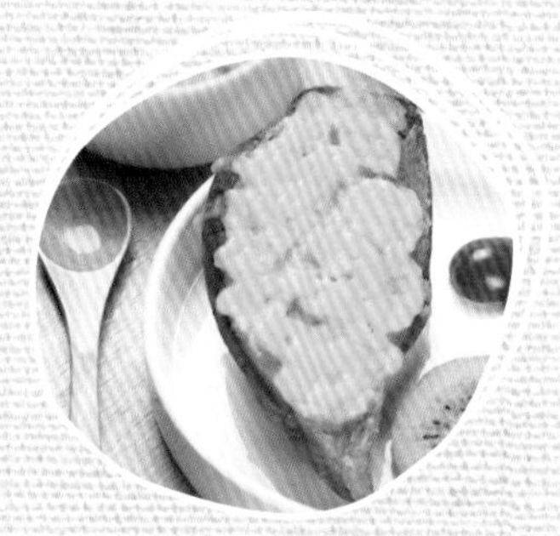

1.5~2岁，断奶嘞

断母乳的过程痛苦又快乐，除了照顾好宝宝的情绪，妈妈要在宝宝的饮食上多花些心思，让宝宝尽快适应这种转变，为向成人饮食迈进一大步。

每周辅食添加攻略

白天用牛奶、酸奶作为加餐，或做些奶制品料理，这样能让宝宝尽快养成一日三餐加点心的饮食规律。保证每天400~600克的奶及奶制品。

这时候添加的辅食可以做成大块状，逐渐过渡到和大人吃的饭菜一样，口味上要偏清淡些。

这个时期的宝宝求知欲、探索欲都十分旺盛，也比较好动，大人一定要想办法让宝宝固定在一个地方吃饭，专注于饮食本身，不要养成边吃边玩的习惯。可以在饮食本身多花些心思，除了更加注重食材搭配和味道的调配，有故事内容的创意儿童食谱在这时候要派上用场了。

千叮万嘱

引导宝宝好好吃饭，需要些技巧，比如小蝌蚪找妈妈创意菜，可以告诉宝宝，我们把小蝌蚪装进肚子里，帮他一起找妈妈吧，引导宝宝吃下作小蝌蚪的食物，再把青蛙妈妈装进肚子里吧，引导宝宝吃下作青蛙妈妈的食物，大人要尝试摸索出宝宝喜爱的方式。

一周食谱举例

餐次 周次	第1顿	加餐	第2顿	加餐	第3顿	第4顿
周一	太阳蛋（P135）、奶香核桃黑米糊（P147）	酸奶	米饭、菠萝鸡肉饭（P170）、玉米蔬菜汤（P126）	水果鲜奶布丁（P166）	南瓜饼（P178）、海带排骨汤（P146）	母乳或配方奶
周二	红薯奶酪烤蛋（P168）、山药杏仁羹（P147）	酸奶	龙利鱼柳汤面（P143）、小炒西瓜翠衣（P150）	雪梨藕粉羹（P047）	草莓糙米粥（P075）、牛肉饼（P180）	母乳或配方奶
周三	馒头片、红枣炖蛋（P139）	酸奶	米饭、炒茼蒿、虾仁蒸豆腐（P124）	香蕉1段、苹果1块	鲅鱼饺子（P143）	母乳或配方奶
周四	全麦面包片、五谷豆浆	酸奶	月亮饼（P184）、圣诞树沙拉（P182）	香甜水果羹（P091）	什锦小软面（P105）、红烧鸡腿（P141）	母乳或配方奶
周五	黄豆豆浆、蔬菜荷包蛋三明治（P140）	酸奶	米饭、清蒸小排（P141）、玉米蔬菜汤（P126）	缤纷蔬果沙拉（P093）	米饭、白菜卷（P174）、豌豆蘑菇汤（P125）	母乳或配方奶
周六	奶香核桃黑米糊（P147）、厚蛋烧（P136）	酸奶	豌豆焖饭（P125）、番茄牛肉汤（P071）	小蝌蚪找妈妈（P186）	米饭、豆福包（P176）、玉米蔬菜汤（P126）	母乳或配方奶
周日	五谷豆浆、豆腐蒸饺（P119）	酸奶	米饭、羊肉彩椒盅（P172）、丝瓜肉丸汤（P146）	好饿的毛毛虫（P188）	呆萌小饭团（P154）、番茄藕饼汤（P144）	母乳或配方奶

注：食谱后括号中页码为食谱制作方法所在页码。

妈妈要注意的问题

1. 开始尝试断奶

有了之前断夜奶打基础，白天的母乳再从减量到减次，循序渐进，到2岁完全戒断，并适时添加其他代乳品，这样的断奶方式宝宝较容易接受。突然完全断奶，或者用极端的方式如在乳头抹刺激性的辣椒水、黄连水，都是对宝宝身体和心理的双重伤害。

代乳品的适当添加在断奶期间十分重要，不仅仅是营养的补充，更是口味和心理的补偿。如果宝宝喝牛奶会腹泻，有可能是对牛奶中的乳糖不耐受，可以用分解了乳糖的酸奶。如果对牛奶、酸奶都有过敏反应，则需要用深度水解奶粉暂时替代，绝不要再尝试羊奶，羊奶蛋白质与牛奶相似度高达90%，还是会引起宝宝过敏。

2. 代乳品的选购

牛奶的选购：大公司大品牌的鲜奶订购是首选，每天送的牛奶，能保证新鲜，用力摇晃奶瓶或将牛奶加热后发现有结块或小颗粒挂在容器壁上，牛奶就不是特别新鲜。其次买超市的包装奶，要选择巴氏杀菌的纯牛奶，营养保存较好，而且巴氏奶保质期短，袋装的一般是两三天，屋顶纸盒装的一般7天，购买要注意生产日期。再次是购买整箱卖的保质期几十天的牛奶，买这类奶除了注意是大品牌，还要看包装上蛋白质和脂肪的含量，含量高的质量好。

酸奶的选购：酸奶从营养价值、宝宝耐受度、奶源质量方面都优于纯奶。同上，首选大公司大品牌的鲜奶订购。其次购买超市的包装酸奶，大品牌，一定要注意是原味纯酸奶，而不是乳酸菌饮料，包装上蛋白质和脂肪含量高的质量佳，并注意生产日期，越接近购买当天的越好，酸奶中的活性物质保留得越多，包装起鼓的已经

被细菌污染，不宜选购。从冰箱拿出的酸奶，建议在室温放置半小时再给宝宝喝，以免损伤宝宝较弱的肠胃，但也不宜放得时间过长，其中的活性物质会大量减少。

奶酪的选购：超市里的奶酪可分为天然奶酪和再制奶酪两大类。天然奶酪是由鲜奶经过简单加工而来，去除了大量水分，就营养而言，是浓缩的鲜奶。再制奶酪则是以天然奶酪为原料，经过再加工而成，含更多的添加剂，给宝宝选用以天然奶酪为宜。不要迷信标示有“儿童”字样的奶酪，仔细看配料表，不要选购添加剂过多的，糖、盐含量过高的，中国营养学会建议，1~3 岁幼儿每天钠摄入量不超过 650 毫克。

3. 让宝宝参与食物的准备

这个时期的宝宝动手欲望会更加强烈，抠挖小洞洞、撕纸、乱涂乱画都是正常的表现，不如让宝宝一起参与食物的准备和制作，不仅锻炼了手脑，自己准备和参与制作的食物也更容易接受。

可以让宝宝参与的，比如一起揉面团，捏制各种形状，宝宝能玩上好一阵，混合不同颜色蔬果汁的面团也是对宝宝的早期艺术创造启蒙，还有比较简单的，可以让宝宝撕菜叶，特别是叶子较大的生菜，还有就是给面包片涂抹酱料或者将肉酱面条拌匀。

4. 为宝宝准备创意菜

这个时期的宝宝通常爱听故事，造型摆盘和食材搭配经过精心设计，一道菜就是一个故事，这会极大满足宝宝的探索欲，让宝宝爱上吃饭，并且从小建立美学观念。注意频次，这类菜给得太多可能会影响过渡到正常大人饮食，也让妈妈忙得不可开交，一周给一两次即可，可以建立个仪式感。

水果鲜奶布丁

加餐越来越丰富了呢，妈妈说只要我健康快乐长大，辛苦也快乐，我爱你妈妈。

食材准备

鸡蛋1个

牛奶200毫升

草莓1颗

蜂蜜适量

盐微量

温水适量

做 法

1. 鸡蛋洗净后磕入碗中，搅散打匀。

2. 加入蜂蜜，搅匀。

3. 蛋液用滤网过滤3次的，在最后一次过滤好的蛋液里缓缓加入牛奶，搅拌均匀，用保鲜膜将容器封口，放入水烧开的蒸锅，隔水中火蒸10分钟。

4. 草莓去蒂，用淡盐水浸泡10分钟，温水洗净，对半切开，放于布丁上。

小叮咛

对牛奶过敏的可以用配方奶。

专家点评

香甜软滑又Q弹的布丁一定会让宝宝吃了还想吃，作为断奶期宝宝的辅食再合适不过了，可起到心理补偿和营养补充的双重效果。草莓、樱桃、芒果这类气味芬芳，味甜又多汁的浆果类水果，十分适合做成各种水果鲜奶布丁，促使宝宝多吃几口，丰富的维生素帮助宝宝越长越漂亮。蜂蜜有时会沾染引发肉毒杆菌中毒的物质，1岁以下宝宝易受攻击，1岁后给宝宝添加蜂蜜较为合适。

红薯奶酪烤蛋
你看起来很好吃呀，可
是妈妈说不能多吃呀，
吃多了肚肚会痛哦。

食材准备

红薯1个（约300克左右）

鸡蛋1个

奶酪1片

做　法

1. 将红薯洗净，对半切开，放入蒸锅隔水蒸熟（大火将水煮沸后转小火煮10分钟左右）。

2. 用勺子挖出红薯肉，放入容器，捣碎成泥。

3. 鸡蛋打散搅匀后倒入容器，与红薯泥拌匀。

4. 奶酪用辅食剪切碎，铺在鸡蛋红薯泥上。

5. 将容器放入烤箱180度烤15分钟左右，或者微波炉调到烧烤模式，奶酪融化即可。

小叮咛

烤好后趁温热食用更好吃，以不烫嘴为宜，不要放凉再食用，放凉后宝宝也不好消化。

专家点评

这道辅食热量和蛋白质含量都高，适宜和富含维生素的水果、蔬菜搭配食用，营养更均衡。

菠萝鸡肉饭

吃饭从来没像现在这么好玩，我们宝宝都是喜新厌旧的，以前那个碗拜拜。

食材准备

鸡胸脯肉1块　玉米1根
菠萝1个　核桃油适量
胡萝卜半根　料酒少许
豌豆适量　盐微量
大米50克

做　法

1. 将大米淘洗后加1.5倍米量水煮成稍硬的米饭。

2. 菠萝去除外皮的尖刺，对半切开，十字刀法切取菠萝肉丁，用淡盐水浸泡10分钟，挖空的菠萝中也倒入淡盐水浸泡10分钟。

3. 将鸡胸脯肉洗净、切丁，用料酒、盐、菠萝丁腌10分钟。

4. 胡萝卜洗净、去皮、切丁。玉米掰下粒，和豌豆一起洗净。

5. 锅中倒入核桃油，大火加热，倒入豌豆、胡萝卜丁、玉米粒翻炒片刻，再倒入鸡肉丁、菠萝丁，转小火炒匀，倒入米饭，炒至鸡肉颜色转白、豌豆变软，盛入挖空的菠萝中。

小叮咛

将菠萝外皮尖刺去除干净再端给宝宝食用，以免扎到宝宝。

专家点评

菠萝含有可使肉质鲜嫩的蛋白酶，可使鸡肉质地更嫩滑，但这也是容易引起宝宝过敏的物质之一，用淡盐水稍加浸泡可以减少过敏的发生。

羊肉彩椒盅
这个碗也很有趣啊，妈妈鼓励我
把它吃掉，我先观察一番再说，
我们小孩不是那么好骗的！

食材准备

羊里脊肉 1 块（约 100 克）

红柿子椒 1 个

黄柿子椒 1 个

绿柿子椒各 1 个

姜 1 片

淀粉少许

酱油少许

核桃油适量

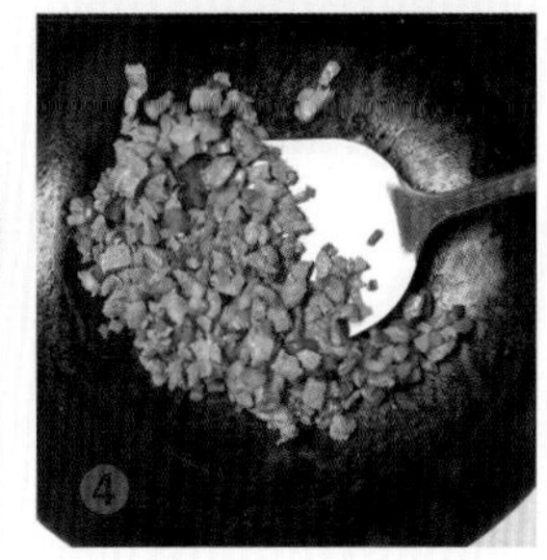

做　法

1. 将柿子椒切去带蒂的一边，洗净，红柿子椒、黄柿子椒沿切口再切下一圈，剩下部分作盅，将红椒圈、黄椒圈和绿柿子椒都切粒备用。

2. 将羊腿肉洗净、切小粒，用淀粉、酱油腌。同时烧一锅水，姜片放入水中。

3. 炒锅中倒油，将各色柿子椒粒倒入大火快炒 3 分钟。

4. 炒彩椒的同时，将羊肉粒放入烧开的沸水中焯一下，去膻味。

5. 将羊肉粒放入炒锅与彩椒同炒，加少许酱油翻炒片刻熄火，盛入红、黄柿子椒摆造型。

专家点评

这个阶段的孩子肠胃功能不断发育健全，可以添加羊肉、牛肉这样相对难消化的肉类帮助锻炼肠胃和咀嚼功能，里脊肉相对比较细嫩，对孩子来说口感会比较好。

彩椒丰富的色彩不仅吸引孩子，提升对色彩的认知，促进食欲，而且可生吃（必须洗干净），维生素 C 能最大程度保留下来，并促进孩子对肉类中铁元素的利用。

白菜卷

妈妈说，这是好吃的在跟我捉迷藏，这可是我的最爱。

食材准备

白菜叶3张　　黑木耳3朵

猪里脊肉1块　虾皮少许

胡萝卜半根　　淀粉少许

香菇3朵

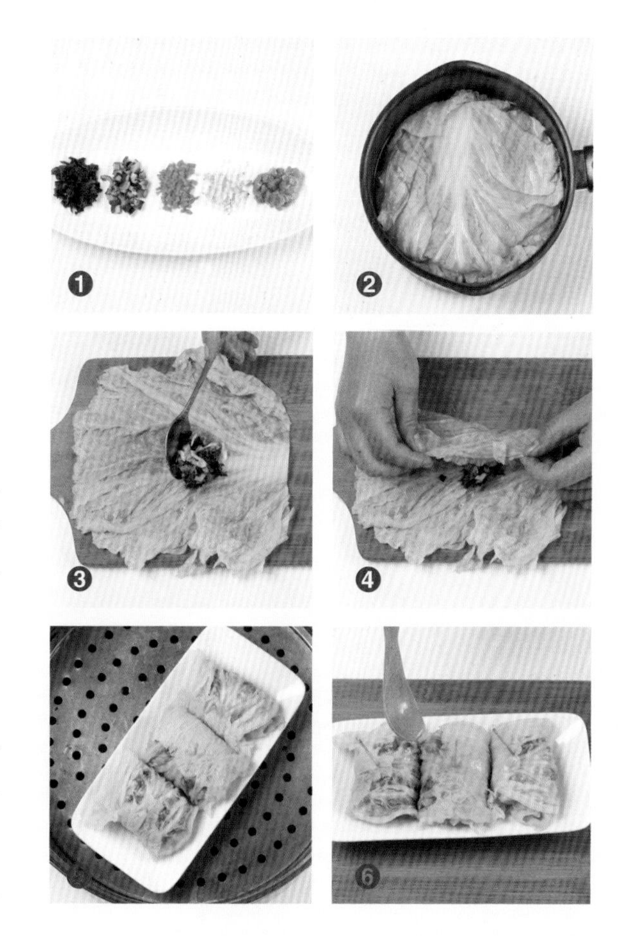

做　法

1. 将猪里脊肉洗净后剁成肉末；胡萝卜洗净、去皮、剁碎末；香菇、黑木耳用清水泡发后洗净，切碎末；虾皮用清水稍加冲洗。上述食材混合搅拌均匀。

2. 将白菜叶洗净后在沸水中烫软，切取菜叶，将馅料放在菜叶中间，左右向中间折起，再由下往上卷起，用牙签固定，放入盘中，上蒸锅蒸约15分钟。

3. 倒出白菜卷蒸出的汤汁，用淀粉调匀后浇在白菜卷上。

小叮咛

所有食材切得足够细碎，才能不用淀粉也能黏合成肉团，在蒸白菜卷的时候不易露馅。

专家点评

虾皮可以当调味料使用，同时又帮宝宝摄入了一定量的钙。给宝宝的辅食不能一味添加肉食而忽视蔬菜，白菜清热润燥，十分适合天气干冷的冬季食用。

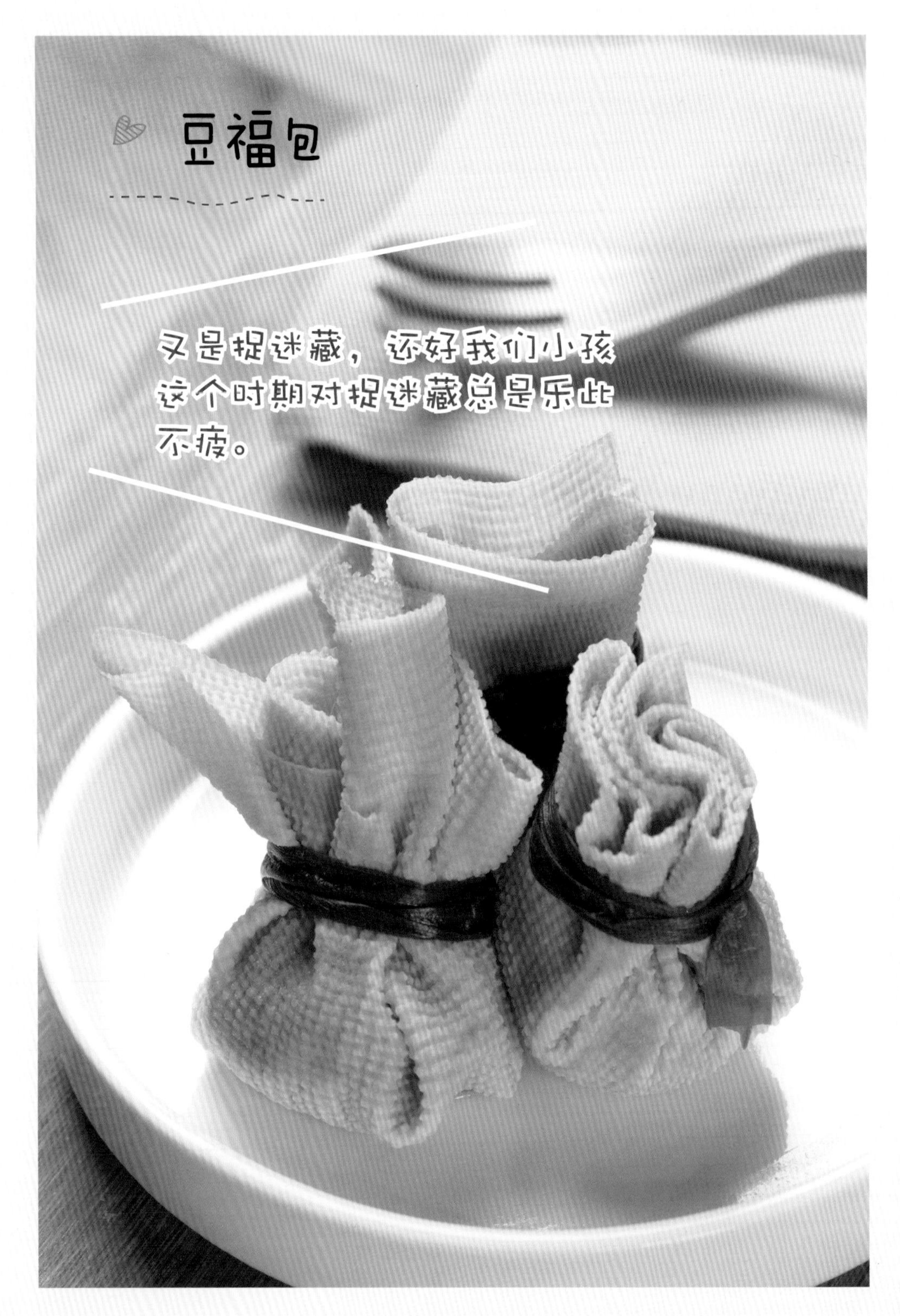
豆福包
又是捉迷藏，还好我们小孩
这个时期对捉迷藏总是乐此
不疲。

食材准备

豆皮 1 张

猪里脊肉 1 块

香菇 3 朵

韭菜数根

盐微量

做 法

1. 香菇泡发、洗净后剁碎。

2. 猪里脊肉洗净后剁成肉末，加盐，与香菇拌匀。

3. 韭菜洗净后用沸水烫软。

4. 豆皮洗净后切成横竖约 10 厘米的方形，取一团肉馅放在中间，收起豆皮四个角，用韭菜扎紧。

5. 依次做好几个豆腐包后，放入蒸锅，隔水大火蒸 15 分钟。

小叮咛

做好的豆腐包要尽快食用，放得时间久了会变黄变硬。

专家点评

豆浆煮沸后压制成的豆皮又叫千张，还有一种就是煮沸后挑起表面的天然油膜，呈透明状，两者都富含大豆蛋白质，都可用来制作福包（取谐音和形状的彩头），后者干燥易碎，要稍加润湿。豆腐包里边可搭配多种食材，把宝宝平时不爱吃的菜都包进去试试吧，不偏食挑食才能得到更均衡的营养。

南瓜饼
好可爱，南瓜就是长这个样
子啊，是不是小了点？看我
怎么一口两口给你吃下去！

食材准备

南瓜1块（约100克）

红豆50克

糯米粉100克

秋葵若干

土豆淀粉适量

蜂蜜适量

温水适量

做法

1. 红豆洗净后放入高压锅，加水没过，按下煮豆键煮熟，取出放入搅拌机，加蜂蜜和温水搅打成泥。

2. 南瓜去皮、洗净、切小块，上锅蒸熟，放入搅拌机搅打成泥。

3. 往南瓜泥中加入糯米粉和淀粉，搅拌揉搓成面团，再分成一个个小面团。

4. 取一个小面团，一手托着面团，另一手大拇指抵住面团中心，其余四指顺时针旋转面团，做成一个小碗形状，加入一勺红豆泥，南瓜面皮包裹封口后搓成球。

5. 牙签沾水后在南瓜球上压出6条线，再用洗净后的秋葵尖作装饰，做成小南瓜的样子，放入盘中，上蒸锅，隔水大火蒸8分钟左右。

小叮咛

用糯米粉做的南瓜饼比用面粉做的Q弹黏牙，趁温热食用，凉了不好消化。

专家点评

糯米适量食用可补虚、健脾胃，吃得过多则有碍消化，给宝宝一次吃一两个南瓜饼足矣。秋葵富含的黏液状物质有保护肠胃的作用。

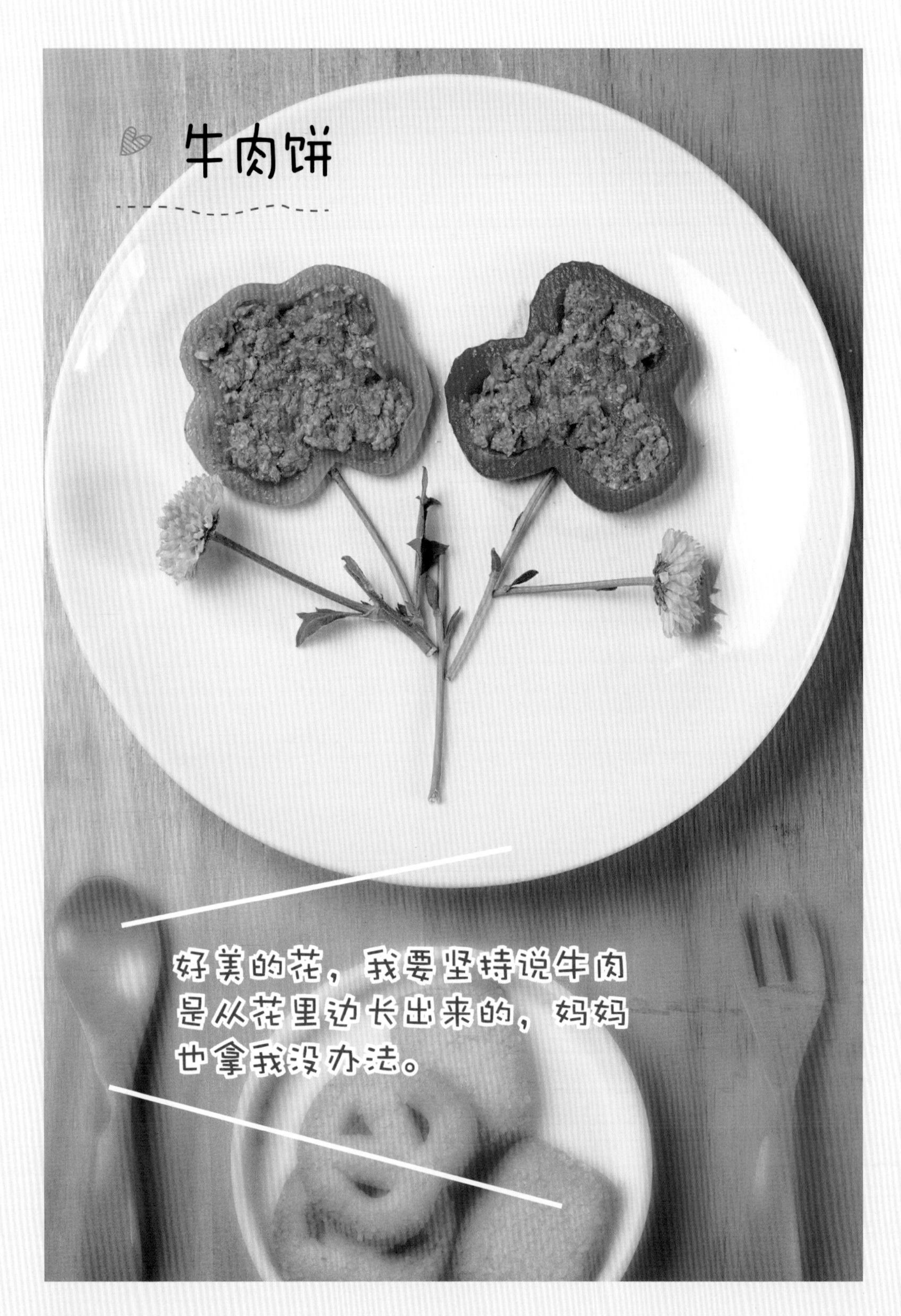
牛肉饼
好美的花，我要坚持说牛肉是从花里边长出来的，妈妈也拿我没办法。

食材准备

牛里脊肉1块（约100克）

番茄1个

红柿子椒1个

黄柿子椒1个

酱油适量

料酒适量

核桃油适量

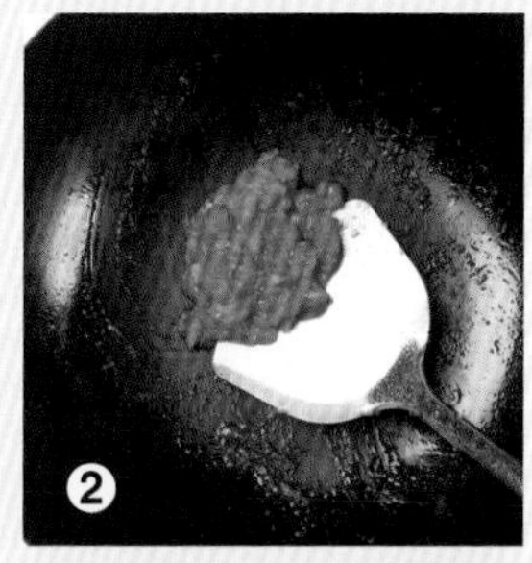

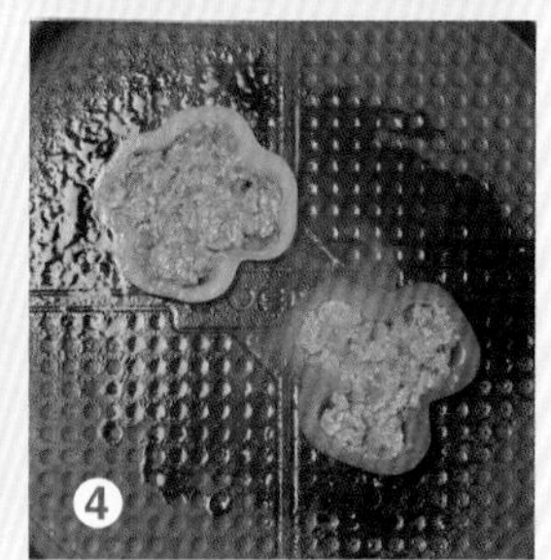

做 法

1. 番茄洗净、去蒂，开水烫去皮，切丁。

2. 铁锅中倒入核桃油，大火加热，倒入番茄丁，煸炒到番茄酱状态，熄火。

3. 待番茄酱放凉，牛里脊肉洗净、剁碎，倒入铁锅中，加酱油、料酒，顺时针搅拌均匀、上劲，腌1小时。

4. 红柿子椒、黄柿子椒去蒂，洗净后切取椒圈，放入倒了核桃油的平底锅，往彩椒圈里填满牛肉馅，小火加热，一面凝固后翻面煎另一面，两面煎至肉色轻白发黄即熟，盛入盘中。

小叮咛

煎牛肉的火不宜大，不然肉容易焦煳，肉类焦煳后就产生了对宝宝身体有害的物质。

专家点评

牛肉、羊肉这类肌肉纤维较粗，宝宝不易消化的肉类，在1岁后添加较合适。番茄中的果酸可加速牛肉的软烂，彩椒圈一方面帮助牛肉饼定型，一方面也给这道辅食增加了更多的维生素。宝宝一次吃一个椒圈牛肉饼的量就够了。

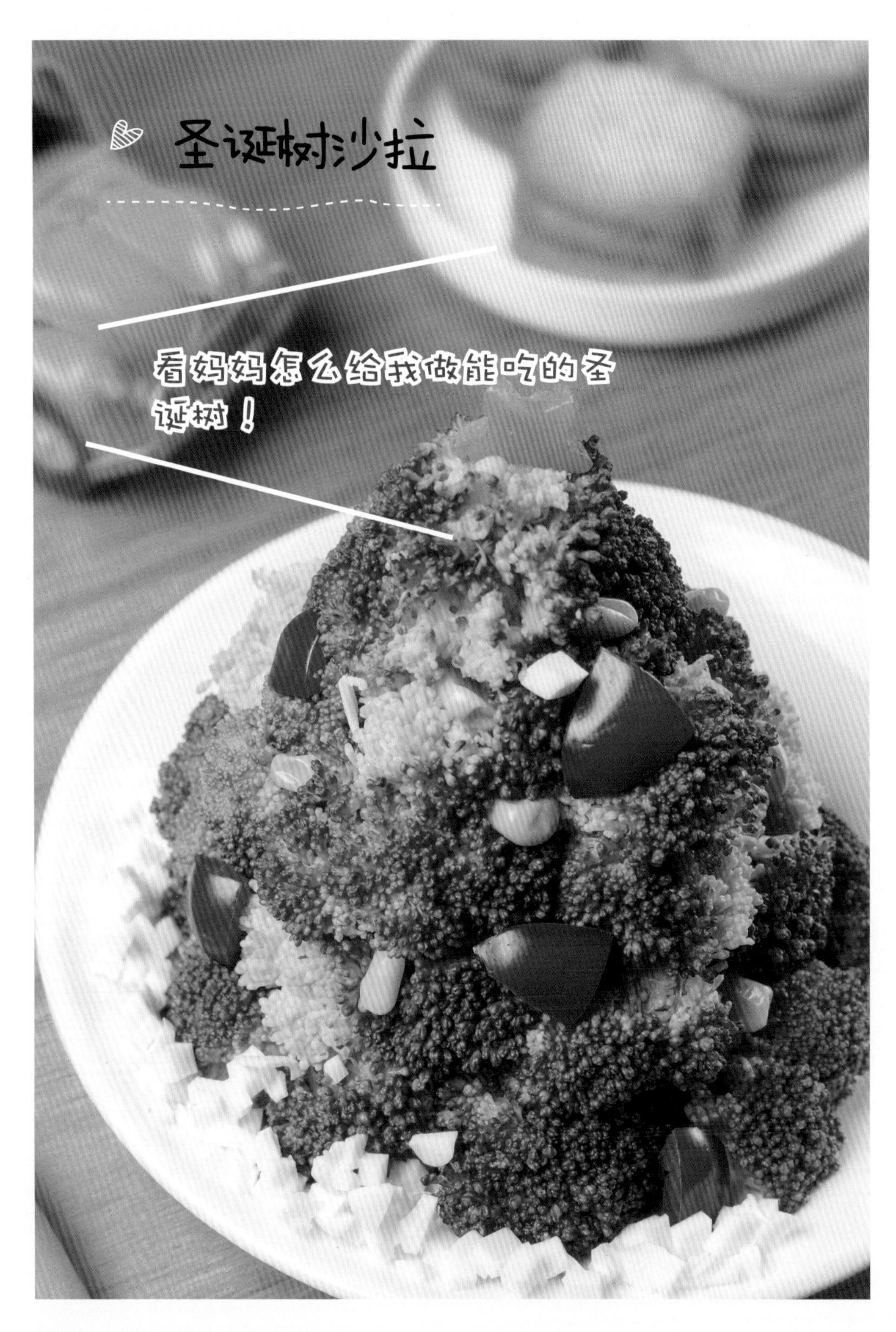
圣诞树沙拉
看妈妈怎么给我做能吃的圣诞树！

食材准备

土豆1个　　玉米1根
鸡蛋1个　　圣女果若干
西蓝花1个　　橄榄油适量
黄柿子椒1个　　盐微量

做　法

1. 土豆洗净、去皮、切小块；黄柿子椒去蒂、洗净，用造型模具造型；西蓝花洗净，用淡盐水浸泡10分钟；玉米掰下粒，洗净，用沸水烫熟；鸡蛋洗净后用水煮熟，去壳；圣女果用淡盐水洗净后对半切开。

2. 土豆上锅蒸熟，沥干水后分别放入搅拌机打成泥。

3. 土豆泥中拌入部分玉米粒、鸡蛋黄，加盐拌匀后堆成高高瘦瘦的圆锥体。

4. 西蓝花摘成小朵，用加了盐的沸水烫熟，再用橄榄油拌一下，将茎杆粗壮的插在土豆泥堆的最下边一圈，依次围圈，将整个土豆泥包裹。

5. 玉米粒、圣女果、黄柿子椒填满西蓝花之间的空隙，圣诞树顶部用一颗黄柿子椒星星作装饰。

6. 蛋白切碎铺在圣诞树底部，以及撒一些在圣诞树上，作为雪花。

小叮咛

土豆蒸好后沥干水再打泥，干一点便于造型成又高又瘦的圆锥体。

专家点评

这是一盘富含维生素、膳食纤维、蛋白质的圣诞树沙拉，宝宝到了爱听故事、探索欲更加强烈的时期，食物的创意造型，特别是结合经典故事的造型，会引起宝宝的兴趣。

月亮饼
下回我再跟爸爸要月亮，你们可别嘲笑我了，我都已经知道月亮的味道了。

食材准备

牛里脊肉1块　　核桃油适量

白萝卜半根　　料酒适量

面粉100克　　盐微量

鸡蛋1个

做　法

1. 牛里脊肉洗净后切小粒，用蛋清、盐、料酒腌10分钟；白萝卜洗净、去皮、切小粒。两者同放入大碗中，加核桃油拌匀，放入锅中，小火炒熟。

2. 蛋黄打散搅匀后加入放面粉的盆中，再加适量清水，搅合揉搓成光滑的面团。

3. 取一部分面团，搓成球，再用擀面杖压扁，擀成一大张薄薄的圆形面片，将牛肉萝卜馅放在其中半张面片上，将面片对折捏紧封口。

4. 平底锅用核桃油薄薄抹一层，放入月牙饼，加入少量水，盖上盖小火焖2分钟，开盖，翻面，再盖上盖子焖2分钟，两面金黄即可盛入盘中。

小叮咛

煎月牙饼的时候油要少，并加少量水，用半煎半焖的方式可以减少油的用量，避免宝宝摄入过多的油，也会比只用油煎的饼软一些。

专家点评

鸡蛋的蛋清可使肉的口感滑嫩，而蛋黄可以给食材上色、增香，巧妙运用，既能做出色香味俱佳的辅食，也能让宝宝摄入鸡蛋中优质的蛋白质和核黄素。核黄素是宝宝身体生长代谢的重要物质，可促进皮肤、毛发、眼睛更好地发育，促使铁更好地吸收利用，帮助预防口角炎。白萝卜有助消化，可与肉食搭配食用。

小蝌蚪找妈妈
我要帮小蝌蚪找妈妈，让他们在我的肚子里团聚吧。

食材准备

猕猴桃 1 个

草莓 1 颗

葡萄干 5 粒

奶酪 1 片

盐微量

凉开水

做 法

1. 葡萄干用凉开水洗净后摆盘，作小蝌蚪。

2. 猕猴桃去皮，切下 2 片，作莲叶，余下部分作青蛙妈妈的脑袋，奶酪剪取圆片，粘到脑袋上，再分别放上一颗去掉梗的葡萄干作黑眼珠。

3. 草莓去蒂、洗净，用淡盐水浸泡 10 分钟，切十字刀，不要切到底，放在其中一片莲叶上，作莲花。

4. 小心取点草莓汁，给青蛙妈妈作腮红。

小叮咛

猕猴桃要选择软硬适中的，方便切片造型。草莓的形状也要长得周正，不要选择奇形怪状的，模样奇怪的草莓有可能是催熟的，不要给宝宝吃。

专家点评

这道水果拼盘制作简单，富含维生素和蛋白质。应季多吃鲜果，其他时候可以适当吃点干果，但水果干制后果糖浓度上升，味道很甜，不宜给宝宝吃太多。

好饿的毛毛虫
我是一只毛毛虫，啊呜！
一口吃掉一块大西瓜。

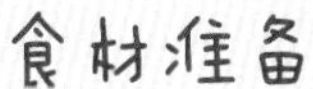

青苹果1个

圣女果1颗

香蕉1段

猕猴桃1/4个

西瓜1小块

奶酪少许

凉开水

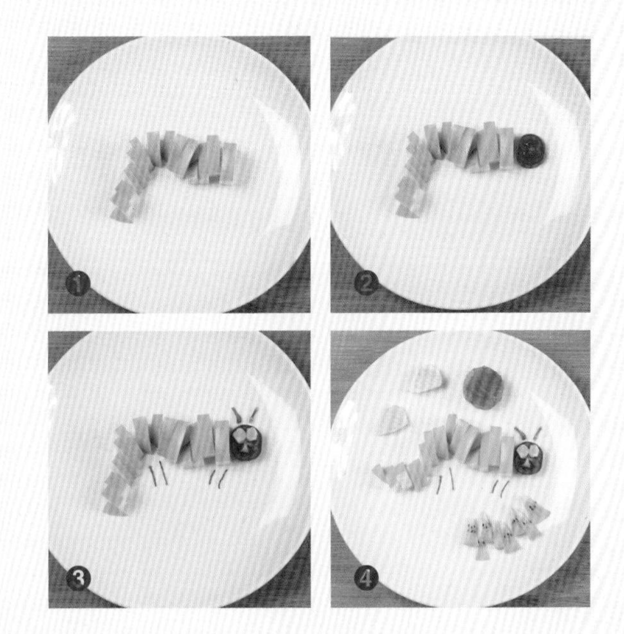

做 法

1. 苹果洗净后切小块，摆盘，作毛毛虫身体。

2. 圣女果洗净后切一小片，作毛毛虫脑袋，用奶酪作眼睛，苹果作嘴巴，并装饰足和触角。

3. 西瓜切成圆形小块作太阳，香蕉切成云朵状，猕猴桃切小三角作草丛，摆盘装饰。

小叮咛

带皮瓜果可以先用淡盐水或淘米水浸泡10分钟再洗，以去除残留农药。

专家点评

炎热的夏季宝宝爱出汗，身体需要大量补充维生素和矿物质，但又通常会食欲不好；秋季天气干燥，宝宝容易秋燥咳嗽。夏秋都是瓜果丰富的季节，可以制作类似水果拼盘，结合绘本故事，引发宝宝的食欲，及时补充营养。

2~3岁，尝试像大人一样吃饭

宝宝能吃很多大人吃的食物了，大人也不用再费很多心思给宝宝单独制作了，但仍要注意口味的清淡和适当的口味调配。宝宝还处在由奶类为主食向以谷类为主食，蛋、奶、肉、蔬菜、水果等为辅的混合家庭饮食过渡的幼儿期，这个时期也是良好饮食习惯形成的关键期，除了关注宝宝吃了什么，怎么吃同等重要。

每周辅食添加攻略

宝宝进入2岁以后，就可以像大人那样吃饭了，大人的饭菜只要做得清淡，都可以给宝宝吃。白天的饮食已经是三餐两点的模式，晚饭后间隔2小时再给宝宝喝点牛奶或酸奶作为加餐，每天各种奶类食品总量在350~500克。

这时候的辅食可以多添加水产类，带刺的鱼可以多让宝宝尝试，可以从刺比较少、肉质鲜美的鲈鱼和富含不饱和脂肪酸的秋刀鱼开始，鲈鱼适合清蒸，秋刀鱼适合用少量油煎一下，用柠檬汁替代料酒祛腥是比较合适的。虾也可以带壳制作，将头去掉即可，富含锌的墨鱼、贝类都可以更多地加入食谱。同时，大人要教会宝宝如何处理鱼刺、虾壳和贝壳。

相对于其他畜肉，牛肉可以更多地加入宝宝的食谱。牛肉脂肪含量相对较低，营养价值要高于猪肉，性质又不像羊肉那么燥热，有利于增长肌肉和提升肌肉力量。

2岁后宝宝可以更多地尝试高蛋白食物，菌菇类也可较多地出现在宝宝食谱中，对提升宝宝免疫力和促进智力发育有利。

千万叮嘱

肥牛、肥羊的脂肪含量还是相对较高，而且以饱和脂肪为主，对人的心脑血管健康不利，尽量不要给宝宝食用。

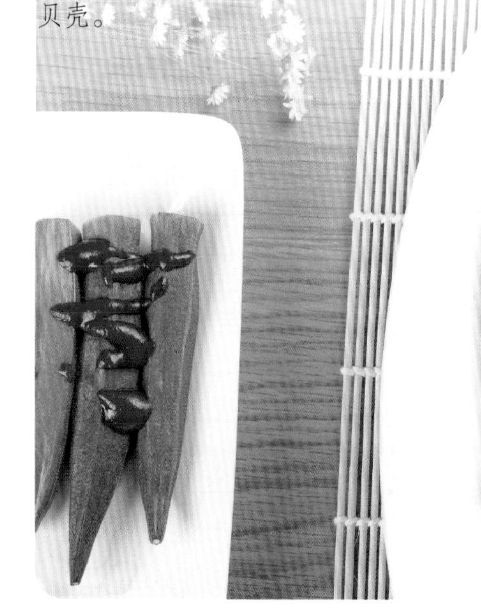

一周食谱举例

餐次/周次	第1顿	加餐	第2顿	加餐	第3顿	加餐
周一	燕麦粥（P059）、多蔬碎摊蛋黄（P110）	牛奶	米饭、香煎秋刀鱼（P196）、芦笋浓汤（P201）	水果鲜奶布丁（P166）	南瓜饼（P178）、蒸秋葵（P201）	酸奶
周二	南瓜小米粥（P046）、太阳蛋（P135）	牛奶	米饭、鲫鱼豆腐汤（P202）、茄汁菜花（P197）	雪梨藕粉羹（P047）	草莓糙米粥（P075）、馅饼（P214）	酸奶
周三	馒头片、红枣炖蛋（P139）	酸奶	米饭、炒油菜、虾仁蒸豆腐（P124）	香蕉1段、绿豆汤（P205）	肉酱面（P122）、糙米浆（P075）	酸奶
周四	全麦面包片、五谷豆浆	酸奶	什锦小软面（P105）、松仁玉米（P197）	香甜水果羹（P091）	米饭、炒菜心、红烧鸡腿（P141）	酸奶
周五	黄豆豆浆、蔬菜荷包蛋三明治（P140）	牛奶	米饭、金针菇牛肉卷（P200）、玉米蔬菜汤（P126）	缤纷蔬果沙拉（P093）	米饭、醋熘白菜、青椒墨鱼卷（P208）	酸奶
周六	奶香核桃黑米糊（P147）、厚蛋烧（P136）	酸奶	海鲜炒米粉（P212）、番茄牛肉汤（P071）	酸奶香蕉船（P204）	小馄饨（P104）	酸奶
周日	大米粥、豆腐蒸饺（P119）	酸奶	米饭、糖醋里脊（P198）、上汤娃娃菜（P202）	草莓2颗、银耳莲子羹（P205）	米饭、炒西蓝花、胡辣海参羹（P213）	酸奶

注：食谱后括号中页码为食谱制作方法所在页码。

妈妈要注意的问题

1. 教宝宝处理鱼刺、虾壳、贝壳

大人要帮宝宝学会处理鱼刺、虾壳、贝壳，这样即便在外就餐也不用太过操心了，但在宝宝吃这些带骨带壳的食物时，大人还是要密切关注，以防出意外，多刺且鱼刺细小的鱼暂时还不能给宝宝吃。

2. 更多的菌菇类

香菇、口蘑、金针菇、凤尾菇这些较常见的菌菇类可以更多地做给宝宝吃，注意食材的新鲜，产生黏液、变色的已经放了很久，不宜给宝宝食用。菌菇类也是高蛋白食物，摄食当天要相应减少其他蛋白质食物的进食量。

3. 更多的坚果

坚果富含不饱和脂肪酸，经常给宝宝吃点，有利于智力发育，各种坚果都是维生素 E 的好来源，尤以核桃最为突出。选购坚果最好是带完整果壳的，较少受污染，保质期也长一些，有哈喇味的已经油脂氧化，不宜再食用，不要购买添加过多盐和其他调味料的坚果。

1~3岁幼儿每日油脂摄入以20~25克为宜，坚果富含油脂，相应要减少烹调油的使用。每百克坚果所含脂肪的量，夏威夷果排名第一，将近80克，接着依次是长寿果70克、鲍鱼果和大榛子60克，松子和核桃也接近60克，杏仁在40~50克，花生、开心果、腰果排名最后，含脂肪在40克左右。

完整的坚果容易容易呛入宝宝气管引起窒息，给小宝宝吃坚果要事先揉碎。

4. 烹调更注重口味

宝宝尝试过糖、盐等各种调味料后，口味会变得越来越挑剔，太过寡淡的饮食就会变得很难满足宝宝，“不爱吃饭”“不好好吃饭”的孩子又出现了！如果在给宝宝烹调食物的时候适当调配一下口味，就会促进宝宝的食欲，而且完全不用过多地添加重口味调料，用食物本身的味道就可以，比如带有酸味的番茄、柠檬、柚子、梅子，带有甜味的梨、香蕉、红薯、紫薯。

5. 在外就餐

这个时期的宝宝，大人可以带着到处游玩了，不可避免地要在外就餐，干净卫生的餐厅是首选，尽量不要点口味过重的菜，注重水、维生素和矿物质的补充，点菜也要荤素搭配，水果作为加餐。

香煎秋刀鱼

食材准备

秋刀鱼 1 条

柠檬 1 个

核桃油适量

盐微量

做　法

1. 将秋刀鱼清理、冲洗干净，去除鱼骨，用盐抹遍鱼身。

2. 柠檬洗净，对半切开，分别挤 3 滴在鱼身两面，抹匀，腌 10 分钟。

3. 平底锅抹一层核桃油，放入秋刀鱼小火煎至两面金黄，盛入盘中，用柠檬片装饰。

小叮咛

秋刀鱼肉质较紧实，去除主要的一根鱼骨后，也可能会有残留在鱼身的小刺，因此大人要小心地帮助宝宝剔除鱼刺。鱼皮如果煎焦了，就去除后再给宝宝吃。

专家点评

秋刀鱼富含 DHA 这种有利于大脑发育的物质，鱼身刺少，适合宝宝向大人饭菜过渡的时候食用。秋刀鱼本身含有较多鱼油，煎烤时不需要加太多的食用油，用柠檬汁可以去除鱼的腥味。

茄汁菜花

食材准备

菜花1个
自制番茄酱适量
核桃油少许
盐微量

做 法

1. 菜花摘成小朵，洗净。

2. 锅中倒入核桃油，倒入自制番茄酱翻炒均匀，再倒入菜花，加盐翻炒均匀。

松仁玉米

食材准备

玉米1根
胡萝卜半根
豌豆适量
松子适量
核桃油少许
盐微量

做 法

1. 玉米掰下粒，和豌豆一起洗净。胡萝卜洗净、去皮、切丁。松子剥壳取仁。

2. 将玉米粒、豌豆、胡萝卜丁用沸水烫熟。

3. 锅中到核桃油，倒入所有食材，加盐翻炒均匀。

小叮咛

如果为了方便和节省时间，购买冷冻保鲜的什锦蔬菜粒（豌豆、玉米粒、胡萝卜丁），一定要注意生产日期和保质保鲜期。开口松子容易氧化产生哈喇味，不宜食用，购买时要注意鉴别。

糖醋里脊

酸酸的，甜甜的，有营养，
味道好！

食材准备

猪里脊肉1块　料酒适量
番茄1个　核桃油适量
柠檬1个　淀粉少许
冰糖2颗　盐微量

做　法

1. 番茄洗净、去蒂，用开水烫去皮，切块后放入搅拌机搅打成泥。倒入小汤锅，加入冰糖，大火煮开后转小火慢慢熬至浓稠，挤入3滴柠檬汁再熬2分钟。

2. 猪里脊肉剔除筋膜，洗净，切成小段，加入盐、料酒拌匀腌10分钟。将腌好的肉条均匀沾裹上一层干淀粉，抖掉多余的干淀粉，再裹上一层用水调开的水淀粉。

3. 锅中倒入核桃油，将肉条一条条放入锅中，中火炸至金黄色，捞出沥油，再放入油锅炸一遍，捞出沥油。

4. 锅中留少许油，倒入番茄酱炒香，再倒入煮肉条快速翻炒均匀，盛入盘中。

小叮咛

要想糖醋里脊外酥里嫩，就得先后炸两次，一次油温稍低，一次油温高些，注意控制火的大小，不要炸焦了，尽量多沥去油，给宝宝吃才更健康。

专家点评

番茄酱的酸甜口味是很多宝宝会喜欢的，并且帮助宝宝摄入了有利身体健康的番茄红素，特别是可改善皮肤的过敏症状。自制番茄酱不会添加不利于宝宝健康的添加剂，柠檬汁是很好的抗氧化剂，可延长番茄酱保质期。番茄酱做好放凉后，在冰箱冷藏室可存放一周。

金针菇牛肉卷

食材准备

牛里脊肉1块
金针菇1把
红柿子椒1个
香葱1棵
核桃油适量
淀粉少许
盐微量

做法

1. 牛里脊肉洗净后切成薄片，用刀背轻轻拍打，放入碗中，用盐、淀粉腌10分钟。

2. 金针菇去根、洗净，用沸水烫软，沥干水分，取一片牛肉包裹适量金针菇。

3. 平底锅倒入核桃油，小火加热，放入金针菇牛肉卷两面煎熟，盛入盘中。

4. 红柿子椒去蒂、洗净、切碎粒，香葱去根、洗净、切碎，放入留有少许油的平底锅稍煸炒，盛出放在牛肉卷上。

小叮咛

卷成一卷的金针菇，后期煎烤时可能中间部分不容易熟，煎烤时间太长牛肉又容易焦，事先用沸水将金针菇烫软较好。

专家点评

金针菇被誉为益智菇，搭配有利于增长肌肉的牛肉，帮助宝宝长得又壮实又聪明，融合了牛肉香味的金针菇口感味道也更好。

芦笋浓汤

食材准备

芦笋5根　　胡椒粉适量
土豆1个　　核桃油少许
鸡汤1碗　　盐微量
牛奶适量

做　法

1. 芦笋洗净、去皮、切段；土豆洗净、去皮、切块。

2. 将芦笋嫩尖用沸水烫熟，其余部分和土豆同放入锅中，加鸡汤煮熟。

3. 把煮熟的芦笋与土豆连同鸡汤一起放入搅拌机打成浆汁，倒回锅中，加牛奶、胡椒粉、盐，小火慢煮至汤汁浓稠，盛入碗中，用嫩笋尖装饰。

小叮咛

想要奶香味浓郁些的可以适当增加牛奶用量，但注意汤的浓稠度，不要做得太稀，影响口感。

蒸秋葵

食材准备

秋葵若干
番茄酱适量

做　法

秋葵洗净后切去头尾，上锅隔水蒸至软（约10分钟），盛盘，搁番茄酱蘸食。

小叮咛

秋葵蒸的时间长了会变黄，请注意观察，掌握时间。

鲫鱼豆腐汤

食材准备

鲫鱼1条
豆腐1块
香葱1棵
生姜2片
料酒适量
核桃油适量
盐微量

做　法

1. 鲫鱼宰杀清理干净；豆腐洗净，切小块；香葱去根、洗净，切葱花。

2. 锅中倒入核桃油，大火加热，放入生姜爆香，将鲫鱼滑入锅里，煎至两面金黄，倒入清水没过鱼身3厘米。

3. 煮沸后放入豆腐块，再次煮沸后转小火煮10分钟，加盐、葱花稍煮，盛入碗中。鱼肉只取鱼肚子部分，并小心剔除鱼刺。

上汤娃娃菜

食材准备

娃娃菜半棵
枸杞子3粒
鸡汤2碗
核桃油适量
盐微量

做　法

1. 娃娃菜洗净、切条。枸杞子洗净，用清水浸泡片刻。

2. 锅中倒入核桃油，大火加热，倒入鸡汤烧开，再倒入娃娃菜和枸杞子，煮至娃娃菜变软，加盐调匀。

葱油鱼

食材准备

鲈鱼1条　　料酒适量
香葱1棵　　酱油适量
生姜2片　　核桃油适量

做法

1. 鲈鱼宰杀清理干净，鱼身两面用刀拉几道，用生姜、料酒腌半小时，上锅蒸熟。

2. 香葱去根、洗净、切葱花。锅中倒入核桃油，大火加热，放入葱花、酱油炒香，将葱油汁浇在鱼身上。

小叮咛

调料用量要按给大人做的葱油鱼一半量添加。

专家点评

鲈鱼补肝肾、健脾胃、化痰止咳，有丰富的钙、磷、钾元素。做熟的鱼肉呈大蒜瓣状，刺少，很方便宝宝取用。

酸奶香蕉船

食材准备

香蕉1根 酸奶适量
猕猴桃1个 凉开水
草莓1颗 盐微量
蓝莓适量

做　法

1. 香蕉去皮，对半切开，放在盘的两边作船舷。

2. 猕猴桃去皮、切小块；草莓去蒂后用淡盐水浸泡10分钟，切小块。两者与用凉开水清洗好的蓝莓放入两条香蕉之间。

3. 浇上酸奶。

小叮咛

猕猴桃不要太软，才好切小块。

专家点评

搭配多种水果可帮宝宝获取多种维生素，且不同颜色的水果不仅搭配着好看，也有不同的食物功效，每次做这道甜点可调换几种水果。酸奶尤其适合对乳糖不耐受，喝了牛奶要拉肚子的宝宝，有调理宝宝肠胃的作用。

绿豆汤

食材准备

绿豆 50 克

做 法

绿豆洗净后用清水浸泡 2 小时，放入高压锅，加清水没过绿豆 3 厘米，煮至汤成。

小叮咛

煮绿豆汤不能用铁锅，绿豆中的黄酮类物质会与铁发生反应，形成深色物质。煮的过程也不能不盖锅盖，接触空气后绿豆汤就会氧化变红。

银耳莲子羹

食材准备

银耳 3 朵

莲子 5 粒

枸杞子 3 粒

冰糖 2 粒

做 法

1. 将冰糖之外的所有食材用清水浸泡，银耳去根后撕成小朵，与莲子同放入高压锅，加水没过食材 3 厘米，煮汤。

2. 汤煮好后闷半小时再取出，倒入铁锅，放入冰糖、枸杞子，小火加热至冰糖融化，汤汁浓稠，盛入碗中。

小叮咛

用高压锅煮好再闷片刻，银耳会更黏稠。枸杞子先不加，到放进铁锅煮羹的时候加，以免颜色发黄和产生酸味。

小炒柚子皮
原来柚子的皮这么好吃呢，绵绵软软。

食材准备

柚子皮1个

香葱1棵

核桃油适量

白糖适量

蚝油适量

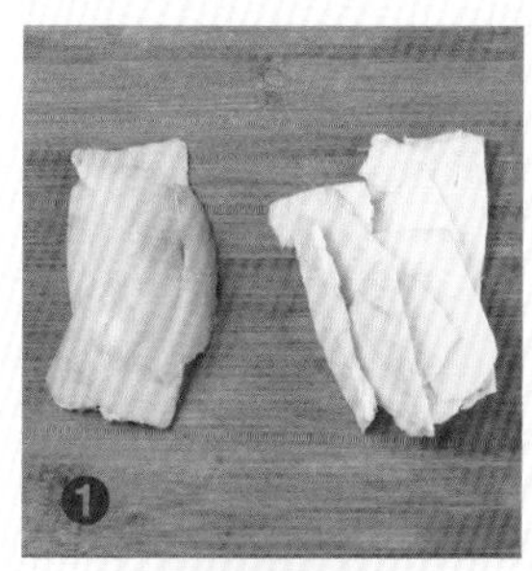

做　法

1. 柚子皮小心切除最外面一层皮，将白色的瓤切成小块，用沸水烫软后挤去水分，用清水浸泡，再挤去水分，重复挤3次。

2. 香葱去根、洗净、切葱花。

3. 锅中倒入核桃油，大火加热后倒入柚子皮，随即倒入事先加清水调开的蚝油、白糖，小火翻炒均匀，撒葱花翻炒2分钟后盛出。

小叮咛

多挤几遍水才可以去除柚子皮的苦味。最外边的皮不用扔，可以放在冰箱除异味用。蚝油、白糖先加清水调开，味道和色泽会更均匀。

专家点评

柚子皮有理气清肠、化痰止咳的作用，在中秋节前后柚子大量上市的时候可以做这道菜，柚子肉作水果食用，柚子皮也不用浪费。

青椒墨鱼卷
墨鱼开花啦，Q弹Q弹的，正好磨牙，我一下子就爱上它啦！

食材准备

新鲜墨鱼1只

青椒2个

生姜3片

核桃油适量

盐微量

做 法

1. 将墨鱼去除皮膜和内脏，留取平整的墨鱼身，内侧那面切十字花刀，切小块。

2. 在加了姜片的沸水中烫至墨鱼肉段打卷，捞出沥干。

3. 青椒去蒂、洗净、切片。

4. 锅中倒入核桃油，大火加热，放入姜片炒香，再倒入青椒片稍炒，倒入墨鱼，加盐，翻炒均匀入味。

小叮咛

肉质弹性好的墨鱼较新鲜，常温放置时间久了会变红，源于墨鱼体内虾青素的氧化分解，注意挑选。十字花刀切在内侧面，墨鱼卷比较漂亮。

专家点评

墨鱼滋阴养血，含有丰富的矿物质，与生姜搭配不仅去腥，也中和墨鱼的寒凉之性，宝宝吃了不容易拉肚子。

开胃蚵仔煎
蚵仔煎是嘛玩意？妈妈
说吃这个也会更聪明哦，
和鱼是一样一样的。

食材准备

生蚝2个　　蚝油适量
鸡蛋1个　　自制番茄酱适量
胡萝卜半根　　淀粉适量
圆白菜1片　　核桃油适量
香葱1棵

做　法

1. 戴上橡胶手套撬生蚝取肉，生蚝肉用清水洗净。

2. 鸡蛋洗净后磕入大碗中，搅打均匀。

3. 胡萝卜洗净、去皮、切丝；圆白菜洗净、切丝；香葱去根、洗净、切葱花。和生蚝肉同放入蛋液中，加蚝油、淀粉搅打均匀，筷子挑起面糊缓慢滴落为宜。

4. 平底锅倒入核桃油，小火加热，倒入生蚝肉面糊，煎至两面金黄，盛入盘中，将番茄酱浇在蚵仔煎上。

小叮咛

要挑选外壳关紧的生蚝，如果有微微张口，用手敲敲，没有把壳关上的就是已经死了，不要购买。戴上手套再处理生蚝，以免粗糙的外壳划伤手，新鲜生蚝肉只要洗去泥沙和碎壳即可，不要过度清洗，以免鲜味损失。

专家点评

生蚝又叫牡蛎，是给宝宝补锌的最好食物，缺锌容易厌食、偏食、异食，爱生病，还会影响宝宝的智力和体格的发育，可搭配不同的蔬菜，给宝宝提供更均衡的营养。

海鲜炒米粉

食材准备

米粉 1 把
虾仁 3 个
蛤蜊 3 个
胡萝卜 1/3 根
圆白菜 1 片
大蒜 1 瓣
蚝油适量
料酒适量
核桃油适量

做 法

1. 蛤蜊在清水中浸泡 2 小时，吐净泥沙。米粉在清水里浸泡至软，剪成段；胡萝卜洗净、去皮、切丝；圆白菜洗净后手撕成小片；大蒜去皮、切末。

2. 锅中倒入核桃油，大火加热，放入蒜末炒香，放入蛤蜊、虾仁、胡萝卜丝，加蚝油、料酒炒匀，再放入米粉和圆白菜，翻炒均匀。

小叮咛

米粉有很多种，较细的米粉炒后口感较好。翻炒米粉时用筷子协助，不易结块煳锅。

专家点评

蛤蜊也富含锌，相比生蚝容易处理些，不用撬壳，带壳炒或煮即可，只要烹调前没有死掉，受热后壳会自动打开，取用方便。炒米粉锻炼宝宝的牙，米粉吸收了海鲜的鲜味，更易被宝宝接受。

美味鸭羹

食材准备

鸭胸脯肉1块

土豆淀粉少许

做　法

鸭胸脯肉去皮后洗净，用沸水稍烫过后剁碎末，投入锅中，加水没过鸭肉，大火煮沸后转小火慢煮，鸭肉转白，加淀粉调匀成羹。

胡辣海参羹

食材准备

新鲜海参1个　　胡椒粉适量

猪里脊肉1块　　核桃油适量

鸡蛋1个　　淀粉适量

香菇2朵　　盐微量

冬笋1个

做　法

1. 用剪刀剪开海参肚子，将内脏去除干净，用水冲洗干净，放入锅中，加清水小火煮至海参变软，捞出切丁。

2. 猪里脊肉洗净、切丝；鸡蛋洗净后磕入碗中，搅打均匀；香菇用清水泡发后洗净、切末；冬笋去壳、洗净，取一部分切丝。

3. 锅中倒入核桃油，大火加热，放入猪肉丝、冬笋丝、香菇末煸炒，加入海参丁、盐，翻炒均匀，加水没过3厘米，煮沸后浇入鸡蛋液，加胡椒粉、淀粉调匀成羹，盛入碗中。

专题 2
美味馅饼大作战

我家宝宝已经两岁多了，可能学会了自己吃饭之后觉得没啥挑战性了，对普通的饭菜老提不起兴致，倒是挺喜欢外边餐厅的饺子包子馅饼之类的，为了孩子的健康，也不能老买外边的东西吃吧，我只好自己琢磨着给做点，这样，各种孩子平时不愿意吃的食材也能趁机包裹在馅料里，让他不知不觉吃下去了。

——小宝妈

我家是东北的，孩子遗传了我的口味，喜欢吃包子饺子，老婆是一枚温柔的南方妹子，为此专门学习了这类面点的做法，还给我们做了他们老家美味的传统馅饼，让我和儿子都大饱口福，老婆辛苦了！

——蛋蛋爸爸

做包子饺子？我闭着眼睛都能做，没想闺女给我看的彩色饺子这个倒是新鲜玩意，为了可爱的外孙女，我也琢磨琢磨吧。

——小雨姥姥

举一反三的带馅食物

备料

面粉和水若干　　核桃油适量

各种食材搭配的馅料适量　　各色蔬菜若干

做法步骤

1. 食材搭配好制作馅料，炒熟，一般都是荤素搭配，比如猪肉和白菜、韭菜和鸡蛋，也有纯肉或纯素的。有的饺子馅，另备生肉和熟馅料一块包入面皮，食用时会有不一样的鲜美口感。

2. 按照专题1面点制作方法备好面团，可加酵母，让皮松软些，也可不加酵母，皮就硬实些，一般做包子需要酵母，饺子、馅饼都不需要。

啰里啰唆

馅料可以排列组合选取各色食材，让宝宝尽量多摄取不同食物的营养，皮也可以混合各色蔬菜，做成五颜六色的，混入菠菜泥制作巧妙的白菜饺子好看又有好彩头。

馅料尽量撇去汤汁，以免包裹面皮时不好操作。

可备少许干粉，在包裹馅料黏手时可在面皮拍些干粉。

备适量水，在饺子封口时可沾少许水有利粘牢封口。

宝宝的功能性食谱

饮食的均衡，胜过任何单方面的补充营养，确实需要在某一方面加强营养的，也首先要保证宝宝日常饮食的合理搭配。3岁前的宝宝爱生病，这个时候妈妈千万要淡定。这个时期宝宝的饮食要注重食疗调理，五色入五脏、阴阳平衡。

我要长高高

宝宝的身高，先天遗传影响70%，后天因素影响30%。后天因素主要与良好的睡眠、合理的饮食和适当的锻炼有关，其中，饮食搭配是最需要家长下工夫的。

饮食方面最基本的是要帮宝宝养成均衡的饮食习惯，不挑食、不偏食，给宝宝准备的三餐两点要经常变换花样，让宝宝尽量多地摄取不同食物的营养，营养的全面均衡是保证宝宝健康生长发育的基础。

同时，要帮宝宝建立健康的饮食观念，多吃天然的、健康的食物。“五谷为养，五果为助，五菜为充”，五谷杂粮、水果、蔬菜每天都要保证一定的量，再摄取优质高蛋白的肉食，而不能“只吃肉、不吃菜”。超市销售的加工零食尽量不吃，果汁饮料、美味糕点、油炸膨化食品、各种糖果会让宝宝吃成一个小胖墩，对健康不利，对长高无益。

增高关键营养

钙：骨骼发育的基本原料，直接影响身高，也是人体内最多的矿物质。奶及奶制品是钙的最佳来源，此外豆腐、豆腐干、虾皮、芝麻酱、蛋壳、动物骨头也富含钙。很多绿叶菜富含草酸，会影响人体对钙的吸收，在沸水中烫片刻，能去除80%的草酸。碳酸饮料会造成人体钙流失，即便宝宝长大了，也要尽量少喝，不喝最好。

磷：促成骨骼和牙齿钙化不可缺少的元素。口蘑、南瓜子、西瓜子、奶酪、海米、芝麻酱、葵花籽、虾皮、鱼、动物蛋都是磷的较佳食物来源。只要饮食均衡，磷一般不容易缺乏。

维生素D：促进人体对钙的吸收利用，并维持血清钙磷浓度的稳定。3岁以内的孩子要保证每天维生素D 400IU。纯母乳喂养的宝宝应该补充维生素D，因为母乳中的维生素D含量极低。人工喂养的宝宝需要计算配方奶中维生素D的量，可以补充不足的部分。维生素D可以通过皮肤合成，所以宝宝应适量晒太阳（避免直晒）。

蛋白质：构成生命体的基本物质，骨骼的生长发育也少不了蛋白质。奶、蛋、肉都富含动物性蛋白质，豆及豆制品、坚果富含植物性蛋白质，两者要均衡摄取。

锌：可促进体格发育，锌缺乏则生长迟缓，且食欲不振，吃不下东西直接影响营养的摄入。生蚝、扇贝等水产贝类中锌含量较高，鱿鱼、墨鱼、口蘑、松子、香菇、牛肉、南瓜子中也有较多锌。

增高营养食谱

蛋花奶粥：大米30克，鸡蛋1个，奶、黑芝麻各少许。大米按常法煮粥，将打散的鸡蛋倒入热粥拌匀，并将洗净的鸡蛋壳碾成粉末拌入粥中，再加奶、黑芝麻拌匀。一道食谱同时富含钙、磷、维生素D、蛋白质，又给宝宝提供了一定的热量，简单易做。

鲫鱼豆腐汤：鲫鱼1条，豆腐1块，核桃油适量。鲫鱼处理干净后用橄榄油煎至两面金黄，放入锅中，加水超过鱼身3厘米，大火煮沸，加入洗净并切小块的豆腐同煮，煮沸后转小火炖10分钟。在给大宝宝做这道营养餐的时候可以适当加盐、葱花调味，宝宝还不能吃鱼和豆腐的时候可以给他喝汤。

我要更聪明

宝宝 6 岁时大脑发育了 80%，其中的 70% 是在 3 岁前完成，大脑的良好发育离不开饮食营养的供给，要有意识地给宝宝吃些益智健脑的食物，帮助宝宝智力更好发展。

益智关键营养

蛋白质：大脑发育必不可少的物质，蛋白质占脑重量的 35%，是保证大脑正常结构的前提，同时在神经兴奋和抑制过程中发挥重要作用。奶、蛋、肉、豆中的蛋白质属于优质蛋白质，氨基酸种类齐全，数量充足，比列适宜，在维持人体健康的同时还可促进生长发育，要多给宝宝摄入这类蛋白质。

糖类：也称碳水化合物，给大脑提供能量，能源不足就会使脑细胞功能受损，同时也是构成细胞的重要物质。五谷杂粮是糖类的最佳来源，当供能物质糖类不足的时候，人体就会动用脂肪和蛋白质来提供能量，因此，不要给宝宝养成“只吃菜，不吃饭”的习惯。

脂类：宝宝大脑的 60% 是脂肪结构，不饱和脂肪酸和卵磷脂都是构成大脑的重要部件，可提升脑细胞的活力，增强记忆力和思维能力。而且很多维生素是脂溶性的，要靠油脂才能发挥作用，要给宝宝提供足量、适宜的脂类食物。鱼、虾、坚果富含不饱和脂肪酸，烹调油也可多选用植物油，橄榄油、核桃油、亚麻籽油的不饱和脂肪酸含量都较高；蛋黄是卵磷脂的最佳来源。

锌：是大脑发育的重要元素，缺乏容易智力低下。水产品锌含量较高，其次是菌菇类、南瓜子、牛肉。

牛磺酸：促进宝宝脑组织和智力发育，母乳尤其初乳中含量较高，水产鱼、虾、贝类和紫菜中也有较多牛磺酸。

铁：是血红蛋白的重要部分，帮

助运送氧，脑缺氧则损害宝宝认知能力，后期补铁也难以弥补。动物肝脏、动物血、瘦肉、蛋黄是铁的较佳食物来源。维生素C可帮助铁吸收，维生素C遇热不稳定，从水果中摄取最佳，可同时给宝宝提供富含维生素C的橙子、猕猴桃、鲜枣。

益智营养食谱

蛤蜊蒸蛋：鸡蛋2个，蛤蜊200克。按常法蒸鸡蛋羹，只需在上锅蒸之前一个个放入处理干净的蛤蜊。如果给大宝宝食用，可加少许酱油调味。富含优质蛋白质、不饱和脂肪、卵磷脂、锌、牛磺酸、铁，配米饭和绿叶蔬菜，餐前或餐后间隔1个小时再给点水果，营养齐活。

核桃米糊：大米、黑米各30克，核桃肉2个，奶适量。大米、黑米淘洗后加3倍米量的水煮成软饭，和核桃肉一起放入搅拌机，倒入适量奶，搅拌成米糊。

这样吃，补钙护牙

钙不仅有利于骨骼发育，也健齿护牙，牙好，胃口就好，吃嘛嘛香，还用担心宝宝吃饭问题嘛。但是要想有一口好牙，仅仅补钙还是不够的。

健齿护牙关键营养

钙：影响牙齿的萌出和新老更替，缺钙易导致宝宝出牙晚，长期钙摄入不足就会导致牙齿松动。各种奶和奶制品都是宝宝补钙的最好食物，1岁半之前都应保证奶为主食，断奶后也要保证宝宝进食一定量的牛奶、奶酪、豆腐、豆腐干。

氟：有洁齿护牙、预防龋齿的作用，是很多品牌牙膏的添加物。洁齿不当容易导致宝宝蛀牙，对之后替换恒牙也会有很大的影响。要养成良好的卫生习惯，少吃含糖高的食物，每天按时刷牙。

蛋白质、维生素C：维持牙龈健康，牙龈是牙齿生长的根基。奶类是既富含钙又富含蛋白质的食物，维生素C可从酸甜味的水果如橙子、猕猴桃、鲜枣中补充。

水：水是七大营养素之一，养成好的喝水习惯，不仅有利于维持健康、代谢毒素，还可帮助牙齿保持干净湿润，不易形成牙菌斑，进而损伤牙齿。

牙齿保健营养食谱

香芋豆腐泥：芋头1个，豆腐1块，凉开水适量。芋头洗净、去皮、切小块，蒸熟，与用凉开水冲洗、切小块的豆腐一起放入搅拌机，打成泥。适合月龄较小的宝宝。

芋头奶粥：芋头2个，大米50克，奶适量。将芋头洗净、去皮、切小块，和淘洗后的大米同放入高压锅，加4倍水煮成粥，放至微热，拌入奶给宝宝食用。

芹菜香干：芹菜2棵，香干2块，核桃油适量。芹菜去根、洗净、切段，香干洗净、切丝，锅中倒油，放入香干翻炒片刻，再放入芹菜同炒，炒香后即可盛出。给大宝宝食用可以加少许盐调味。

这样吃，肤白红润

白里透红的皮肤是健康的标志，女宝宝更需要靓丽动人的肌肤，除了保证良好的睡眠，以内养外、补益养颜是必不可少的，通过饮食的调理，让宝宝的肌肤从里到外美出来。

美肤关键营养

水：是构成人体的重要成分，缺水的细胞不膨润，缺水的皮肤不丰盈，水嫩的肌肤要靠水来维持。水还可促进新陈代谢，帮助宝宝排出身体的毒素。

蛋白质：形容青春年少皮肤水嫩有弹性，我们通常用“满满的胶原蛋白”，蛋白质是构成皮肤的主要部件，维持肌肤弹性离不开胶原蛋白。给宝宝提供优质蛋白质，如奶、蛋、肉。

维生素C：构成胶原蛋白的重要物质，而且有强抗氧化作用，可分解皮肤色素，有美白祛斑的作用，还可以保护皮肤不受紫外线伤害。番茄、猕猴桃、鲜枣、橙子、西柚等酸甜味水果都富含维生素C，可以给宝宝适量食用。一些蔬菜也含维生素C，但从蔬菜摄取维生素C并不靠谱，蔬菜多要经过烹调，维生素C遇热不稳定，会大大损失。

维生素E：有强抗氧化作用，可令肌肤光滑有弹性，是一种脂溶性维生素，可从坚果中摄取。

维生素A：维持上皮组织的健康，抵御紫外线，是一种脂溶性维生素，需要油脂帮助吸收。胡萝卜富含胡萝卜素，进入宝宝体内转化为维生素A，用胡萝卜补充维生素A不容易造成蓄积，维生素A过量也会引发中毒。

铁：缺铁贫血的宝宝脸部会没有血色，也即“不红润”“苍白”。动物肝脏、动物血、瘦肉、蛋黄都能帮宝宝补充血红素铁，一些蔬菜也含铁，但植物性的铁不能被人体利用，维生素C有利于铁的吸收利用。红枣补血补铁主要在于它的“益气”功效，气畅则血行，可滋养全身。

膳食纤维：帮助肠道排出毒素，宿便、便秘易使毒素堆积，毒素无处可去就会在皮肤上长痘。

功能性物质：大豆中的大豆异黄酮、葡萄和蓝莓中的花青素、番茄和西瓜中的番茄红素都可帮助皮肤保持健康的状态。

美肤营养食谱

什锦水果沙拉：猕猴桃1个，香蕉1根，草莓1颗，蓝莓和酸奶各适量。猕猴桃去皮、切粒，草莓用淡盐水浸泡10分钟后去蒂、切粒，蓝莓洗净，香蕉去皮、对半切开，将水果摆好，浇上酸奶拌匀。富含维生素、膳食纤维、蛋白质，令肌肤美白细嫩。

红枣银耳羹：红枣2颗，银耳2朵。银耳泡发后去根，摘成小朵，和洗净去梗的红枣一同放入高压锅，加3倍水煮成羹。滋阴、润肺、益气，中医有言“肺主皮毛”，可使皮肤、毛发光滑靓丽。

这样吃，发黑浓密

头发之所以会不断生长、新老更替，全在于发根的毛乳头吸收血液中的营养供给发根，如果宝宝挑食、偏食，造成营养不良，头发自然也就会呈现干枯、发黄的病态。

美发关键营养

蛋白质：毛发也是一种蛋白质，合理摄入优质的蛋白质可帮助头发的生长。奶、蛋、肉、豆制品中的蛋白质被人体吸收后分解成氨基酸，再由头发根部的毛乳头合成角蛋白，角质化后就形成了头发。

铁：中医言“发为血之余，血旺自能生发”，贫血常伴随着发黄、发枯。补铁补血是第一步，动物肝脏、动物血、瘦肉、蛋黄多给宝宝吃，严重贫血的还要咨询医生后用铁制剂补充，补血的同时还要理气，气不畅则血不行，往上不能滋养毛发，往下无法温暖四肢末端，补气红枣最宜。

锌、钙：这两种元素的缺乏会引起宝宝的斑秃。日常饮食可多给予奶类、水产品，严重的要补充制剂。

维生素A：维持上皮组织健康，头皮和毛囊的健康是秀发靓丽的根本。可通过胡萝卜、南瓜、橙子补充。

维生素C：帮助铁吸收利用。适量给宝宝吃些橙子、猕猴桃、鲜枣。

维生素E：可改善头皮的血液循环，良好的血液供给才能保证毛囊能得到足够营养，有利于头发的生长。坚果、种子、各类植物油富含维生素E，且有利于这种脂溶性维生素被宝宝吸收利用。

B族维生素：主要是叶酸、维生素B_6和维生素B_{12}，这些营养素参与创造红细胞，而红细胞负责向头皮、毛囊和正在生长的头发中的细胞输送氧和营养，如果缺乏，则导致头发脱落、生长缓慢、干枯易断。绿叶蔬菜、动物肝脏和一些水果中都富含叶酸，维生素 B_6 则较多地存在于肉类、动物肝脏、全谷类、绿叶蔬菜、坚果、土豆、葵花籽，维生素 B_{12} 主要来源于动物肝脏、肉、蛋，只要饮食均衡，这类营养素一般不容易缺乏。

美发营养食谱

菠菜猪肝粥：猪肝1块，菠菜2棵，大米50克，香油少许。大米按常法煮粥，粥成后倒入铁锅。猪肝去筋膜、洗净，放入沸水稍煮，颜色转灰白时捞出，取一部分切碎末，倒入锅中，大火煮沸转小火。菠菜去根、洗净，用沸水烫过后切碎末，投入锅中稍煮，滴2滴香油拌匀即可。养血生发。

三黑养发粥：黑豆、黑芝麻、黑米、红枣各适量。黑豆洗净后用清水浸泡2小时，与洗净的黑芝麻、黑米、红枣一起放入高压锅，加5倍水煮成粥。还没给宝宝吃豆类的也可不用黑豆，乌发养发。

这样吃，健脾开胃

宝宝不爱吃饭很可能是胃口不好，或者吃了不消化，这时候除了多带他去户外运动、餐前不给零食，还得花点心思做些提升食欲、助消化的营养餐。

健脾开胃消食关键营养

锌：宝宝缺锌容易食欲不振，什么都不想吃。生蚝、扇贝等水产贝类中锌含量较高，鱿鱼、墨鱼、口蘑、松子、香菇、牛肉、南瓜子中也有较多锌，严重的要补充制剂。

B族维生素：这类维生素的缺乏也容易造成宝宝胃口不好，消化不良。给宝宝适量提供粗杂粮，糙米粥是个不错的选择，饮食过于精细，总是精米白面容易导致B族维生素的缺乏，每天都吃点蛋、肉、绿叶菜、坚果也不容易缺乏这类营养素。

有机酸：促进食欲，帮助消化。广泛存在于酸味水果中，如山楂、山竹、柠檬、菠萝、芒果。2岁左右的宝宝可以适量给点食醋，糖醋里脊是备受孩子欢迎的开胃菜。

益生菌：调理肠道，助消化。1岁以上的宝宝可以食用酸奶，消化不良症状严重的则需要辅助益生菌制剂。

健脾开胃消食营养食谱

番茄蘑菇汤：口蘑3个，番茄1个。番茄洗净，用沸水烫去皮，切小块，蘑菇洗净切粒，同放入锅中，加3碗水，大火煮沸后转小火煮10分钟。口味偏酸，有蘑菇的鲜香，容易引起宝宝的食欲，大宝宝可以给他加点盐调味。

山楂糙米粥：山楂1个，糙米50克。山楂洗净、去核去梗，和淘洗后的糙米同放入高压锅，加4倍水煮成粥。健脾开胃、助消化。

酸奶水果捞：菠萝1个，草莓3颗，酸奶适量。取菠萝肉和草莓同放入淡盐水浸泡10分钟，草莓去蒂、切小块，菠萝肉也切小块，同放入容器，浇酸奶，拌匀即可。调理肠道，开胃，助消化。

发热

宝宝的体温容易波动，自我调节能力又比较差，区别于正常体温升高，发热还伴随情绪不稳定、面色苍白、呼吸加速、呕吐、腹泻等。发热是很多疾病初期的一种防御反应，可增强人体免疫力，年幼宝宝容易发热，也通过发热完善自身的免疫力，除了体温超过38.5℃需要用退烧药，轻微发热只需物理降温（天冷时温水擦浴，暖和时温水洗浴）和饮食调理。

饮食之宜

发热的时候，宝宝新陈代谢会加快，水和营养物质的消耗增加，而此时的宝宝由于身体不适，对水和食物的摄入又明显减少。

补水是头等大事，可以用胶头滴管给小宝宝喂水，未添加辅食的小宝宝要多喝奶，已经能自己喝水的大宝宝，可以用游戏的方法引导其多喝水。

日常饮食少吃多餐，不要尝试添加新的辅食，优先考虑宝宝喜欢的健康食物，尊重宝宝的胃口，不强迫进食。

多考虑流质、半流质食物，各种粥、汤、羹、糊，宝宝比较容易接受，而且易消化，同时还补充了水分。

引导宝宝多吃蔬菜、水果，以补充发热损耗的电解质，但不要给宝宝食用市售果汁、水果罐头等食品。

适量提供优质蛋白质食物，如鱼、虾、禽肉。

饮食之忌

不要给宝宝吃鸡蛋。发热时食用大量富含蛋白质的鸡蛋，不但不能降低体温，反而使体内热量增加，促使宝宝的体温升高更多，不利于早日康复。

推荐食疗方

西瓜汁：西瓜瓤挤汁饮用。清热、解暑、利尿。

绿豆粥：绿豆25克，大米15克，加4~7倍水煮粥食用。清热排毒。

荷叶粥：大米15克，加4~7倍水煮粥，粥好放少许荷叶稍煮。清热解暑。

冬瓜汤：冬瓜100克，荷叶适量。将冬瓜洗净后带皮切块，荷叶切碎，同放入锅中，加2碗水，大火煮沸后转小火再煮片刻，捞除荷叶，加盐调匀。清热、除烦、利尿。特别适合1岁以上宝宝的夏季暑热。

对症按摩小病消

1岁半内的小宝宝，大人用手心捂住宝宝的前囟门，直到宝宝前额微微出汗。1岁半以上的大宝宝，搓宝宝脚心、小腿，上下来回搓，搓热，接着搓手、胳膊、后背、耳朵，最后搓宝宝头顶，揉推前额和太阳穴。

腹泻

宝宝排便次数的多少并不能作为判定腹泻的依据，只有大便性状的突然改变和频率的增加才能判断宝宝是腹泻了。腹泻的原因通常是对食物不耐受或者受到感染，腹泻伴有呕吐、发热等症状，就很有可能是感染引起的腹泻，要马上去医院，如果是食物过敏引起则要马上调整饮食。

饮食之宜

给宝宝摄入足够的液体，预防脱水，保证营养。已经添加辅食的宝宝要少量多次进餐，多提供汤水类饮食，苹果汁、米汤都可缓解腹泻。山药、红枣、小米都可补益脾胃之气，调理肠胃，可给宝宝适当食用。

适当补充锌可缩短腹泻病程，需要在医生指导下进行。

饮食之忌

不要给宝宝喂食富含粗纤维的蔬菜水果以及含糖量较高的食物，以免加重腹泻症状。

推荐食疗方

苹果汤：苹果1个，用淡盐水洗净外皮，去核、梗，带皮切碎，放入锅中，加2碗水，大火煮沸后转小火煮片刻，取汤给宝宝喝。苹果有缓解腹泻的作用，可以吃果泥的宝宝，也可以给他刮取苹果泥食用。

焦米汤：大米 50 克，放入铁锅中干炒至有香味溢出，加 4~7 倍水，煮成焦米汤给宝宝食用。炒焦的米粒有止泻的作用。

蛋黄油：鸡蛋 1 个，煮熟后去壳和蛋白，将蛋黄放在小锅里，小火微煎，并用锅铲不断翻炒，蛋黄逐渐变焦，再变黑，最后渗出蛋黄油，除渣后分 2~3 次给宝宝食用。蛋黄油有补益脾胃和止泻的作用。

对症按摩小病消

大人手掌摊开，围绕宝宝肚脐顺时针轻轻按揉 2 分钟左右。顺着宝宝脊柱从尾骨由下往上推背，搓到宝宝皮肤微红发热为止。

感冒

感冒是一种自愈性疾病，通常由病毒引起，病毒寄居于人体细胞内部，当人体抵抗力下降时“发难”，目前的抗病毒药物在消灭病毒的同时也会影响正常细胞，所以治愈感冒以依靠人体自身免疫力为主，休息好、饮食调理是常见的手段。对各系统还在发育完善的宝宝更是如此，一般1周左右可痊愈，轻微感冒对宝宝的免疫力也是一个锻炼。感冒伴有发热、咳嗽、流涕的应对症调理。

饮食之宜

多喝热开水，可以促进新陈代谢，加速体内毒素排出，弥补由感冒引起的体液损耗。热开水熏蒸鼻部可缓解流涕、鼻塞症状。

饮食要清淡、稀软、易消化，感冒会使宝宝的脾胃功能受到影响，要制作便于消化的平和的食物，减轻脾胃负担。热汤、热粥可宣发体内寒气，加速风寒感冒的痊愈，特别是在汤粥中加葱白。绿豆汤、凉拌马兰头、金银花茶则对风热感冒有效，可去除内热。白萝卜、梨可润肺止咳，治咽痛。

多吃蔬菜、水果，补充维生素和矿物质，尤其是维生素C，可缓解感冒症状，缩短病程，橙子、西柚、猕猴桃、鲜枣的维生素C含量都较高。

饮食之忌

不可给宝宝食用过于油腻、荤腥、甘甜的食物，这类食物生痰湿，易引起咳嗽，有碍脾胃运化。也不可给予辛热的食物，如辣椒、羊肉、狗肉，以免助火生热，伤津液。生冷瓜果也不可给宝宝吃，易使黏膜收缩，加重鼻塞、咽痛症状。

推荐食疗方

绿豆汤：绿豆30克，洗净后用清水浸泡2小时，放入高压锅，加4倍水，煮成绿豆汤给宝宝食用。绿豆清热解毒，主治风热感冒。

橘皮枣茶：红枣4颗，橘皮（鲜品）5克，生姜6克。红枣在铁锅内小火炒至微焦，放入洗净的橘皮、生姜，加2碗水，大火煮沸，分3次给宝宝喝。生姜、橘皮都是发汗解表的食物，也可用陈皮代替橘皮，主治风寒感冒。

葱白汤：葱白1截，洗净，切碎，放入锅中，加水3碗，大火煎至2碗，放至温热给宝宝喝1碗葱白汤，半小时后加热再给宝宝喝1碗。主治风寒感冒（宝宝鼻涕呈清水样），趁汤热的时候给宝宝熏蒸鼻部，可缓解鼻塞流涕症状。

梨粥：梨1个，大米30克。大米淘洗后用清水浸泡2小时，放入高压锅，加4倍水，梨洗净、去皮、去核，切小块，放入锅中，煮成梨粥给宝宝食用。主治风热感冒。

对症按摩小病消

推鼻翼两侧20下，用大拇指推摩宝宝前额数次（从下往上，从中间到两边），揉太阳穴1分钟，手拿宝宝脖子与头连接处用力拿捏数次，用手掌根部推搓宝宝脊柱两侧，皮肤微红发热为止。

咳嗽

咳嗽是人体的一种防御机制，是在清理呼吸道黏膜受损后产生的分泌物，不是独立的疾病。假如宝宝一咳嗽就给他用止咳药，就破坏了这种保护机制，导致痰液留在呼吸道，那些没咳嗽却得肺炎的宝宝就是肺里有很多分泌物没法咳出来。轻微的咳嗽，只需多喝水、多拍背，帮助痰液排出。严重的则要咨询医生使用雾化治疗。日常饮食的调理可帮助宝宝尽快度过咳嗽期，同时保证空气湿度在50%~60%，空气新鲜。

饮食之宜

多喝热开水，促进痰液排出，加速体内毒素排泄，补充宝宝身体所需的水分。

饮食要清淡、易消化，过于辛热刺激的食物会刺激宝宝肺部产生更多分泌物。

多吃润肺、化痰、生津液的食物，如梨、白萝卜、枇杷、荸荠、银耳。

饮食之忌

不可给宝宝食用过于油腻、荤腥、甘甜、煎炸的食物，这类食物生痰湿，易引起咳嗽。也不可给予辛热刺激的食物，如辣椒、羊肉、狗肉，以免助火生痰。可以吃盐的宝宝也不可给他过咸的食物，以免加重和诱发咳嗽。忌补品，会使咳嗽迁延难愈。

推荐食疗方

烤橘子：橘子1个，直接放在小火上烤，并不断翻动，烤到橘皮发黑，并从橘子里冒出热气即可。待橘子稍凉一会，剥去橘皮，给宝宝吃温热的橘瓣。化痰止咳，尤其适合咳痰清稀的风寒咳嗽。

冰糖雪梨：梨1个，冰糖2粒。梨洗净，横断切开，挖去核，放入冰糖，再把梨对拼好，放入碗中，上锅蒸半小时左右即可，分2次给宝宝吃完。主治咳黄痰的风热咳嗽，可遵医嘱加适量川贝，效果更好，如果加适量花椒，则对风寒咳嗽有效。

蜂蜜柚子茶：柚子1个，冰糖2粒，蜂蜜适量。用淡盐水将柚子皮洗净，削取最外层的柚子皮，切成丝，倒入锅中，加水没过，加冰糖，大火煮沸后转小火熬至水分快收干，放凉后拌入蜂蜜，装入玻璃瓶，取一勺用热开水冲泡调匀后给宝宝喝。润肺止咳，适合1岁以上的宝宝，对天气干燥引起的咳嗽特别有效。

银耳羹：银耳3朵，冰糖2粒。银耳用清水泡发后去根，择成小朵，放入高压锅，放入冰糖，加4倍水，煮成银耳羹给宝宝食用。润肺止咳。

对症按摩小病消

用手掌轻搓宝宝的前胸后背，皮肤微红发热为止，按揉宝宝两乳头两线中点1分钟。

过敏（湿疹）

过敏就是当人体免疫系统对来自空气、水源、接触物或食物中天然无害物质（过敏原）出现过度反应，其中胃肠和皮肤表现最早，进食后出现呕吐（不是溢奶）、腹泻、便秘，特别是腹泻、便秘交替出现，急性荨麻疹、急性血管神经性水肿、湿疹，时间较长后，可侵袭呼吸道，反复流涕、咳嗽、胸闷、喘息或气短，甚至发展为哮喘。

过敏会随着时间的推移不断变化，有些情况会越发展越难治，过敏原检测并不可靠，诊断主要还是通过观察宝宝日常生活和饮食为依据。

宝宝对食物过敏是最常见的，主要是对食物中的蛋白质过敏，尤其是在辅食添加过程中，所以添加辅食的时候要一种一种地添加，有利于鉴别过敏原，无论是食物过敏还是其他情况的过敏，最有效的应对方法就是远离过敏原一段时间。大部分的食物过敏在宝宝长大后消失，花生和带壳水生动物引起的过敏通常可伴随一辈子。

饮食之宜

做好饮食记录，每添加一种食物至少连续观察 3 天，无明显过敏反应再添加另一种，对某种食物过敏就停食该食物至少 3 个月。

多食用富含维生素和矿物质的蔬菜水果，可增强体质，减少过敏症状的发生。

饮食之忌

冰冷的食物容易刺激咽喉、气管和肠胃道，引起血管和肌肉的紧张而收缩，容易引发一些过敏反应。

油腻的食物容易妨碍肠胃的消化能力，肠胃功能失常也是诱发过敏的一大原因。

一些辛辣刺激的调味品，容易刺激呼吸道和食道，也是容易诱导过敏的发作。

海产品含有较多的异体蛋白质，很容易激发体内的过敏反应，因此要谨慎食用。

推荐食疗方

薏米红豆汤：薏米30克，红豆30克。将薏米、红豆洗净后用清水浸泡半小时，放入高压锅，加5倍水，煮汤给宝宝喝。祛湿利尿，用于皮肤瘙痒、湿疹。

蔬果沙拉：猕猴桃1个，苹果1个，圣女果2颗，香蕉半根。猕猴桃去皮切粒，苹果洗净、去皮、切粒，圣女果洗净、切粒，香蕉碾成泥，拌匀。富含维生素C和维生素E，可滋润皮肤，帮助宝宝对抗过敏。

胡萝卜糙米粥：糙米50克，胡萝卜半根，母乳、配方奶或牛奶适量。糙米淘洗后用清水浸泡2小时，放入高压锅，胡萝卜洗净、去皮后切碎末，放入高压锅，加4倍水煮成粥，加入奶调匀，给宝宝食用。胡萝卜富含胡萝卜素，进入宝宝体内转变为维生素A，有利于增强宝宝上皮组织的防御能力，糙米富含谷维素，可促进皮肤微循环，保护皮肤。

对症按摩小病消

大人用双手拇指沿着宝宝脊柱两侧自上而下按揉，再由下往上按揉，如此往返持续5分钟。用拇指和食指捏住宝宝食指，从虎口推向指尖，再捏住宝宝无名指，由指根推向指尖，如此进行数次。

便秘

每个宝宝都有自身的排便规律，次数多少不能说明什么，如果排便过程哭闹费力、大便干硬、腹部胀满，就要考虑是便秘。排除病理性原因，便秘主要由饮食和生活不规律引起，除了帮宝宝养成有规律的排便习惯，饮食调理十分重要，宝宝肠道功能还不完善，尽量不用药物，容易引起肠道功能紊乱。

饮食之宜

纯母乳喂养的宝宝，乳母要注意多摄入蔬菜水果和粗杂粮，多喝汤水。

人工喂养的宝宝，可将奶调稀。

已经添加辅食的宝宝，多喝水，多增加饮食的汤水、蔬菜和水果，适量增加促进排便的食物，如猕猴桃、火龙果、梨、香蕉、黑木耳、红薯。

1 岁以上的宝宝可用酸奶、益生菌调理肠道。

饮食之忌

母乳喂养的宝宝，乳母少吃肥腻和高蛋白的食物。

已经添加辅食的宝宝，减少肉蛋类的摄入。

推荐食疗方

红薯粥：红薯 1 个，大米 50 克。大米淘洗后用清水浸泡 2 小时，放入高压锅，红薯洗净后去皮、切丁，放入高压锅，加 5 倍水煮成粥给宝宝食用。红薯富含纤维素，有润肠通便的作用，煮粥食用更可润滑肠道。

高纤沙拉：猕猴桃1个，火龙果1个，梨1个，香蕉1根。猕猴桃去皮、切粒，火龙果去皮、切粒，梨洗净后去皮、切粒，香蕉去皮后碾成泥，拌匀。富含纤维素的水果沙拉，同时提供了水分、维生素和矿物质，帮宝宝补充营养，缓解便秘。

芝麻粥：大米50克，黑芝麻适量。大米淘洗后用清水浸泡2小时，放入高压锅，黑芝麻洗净后放入高压锅，加5倍水煮粥给宝宝食用。黑芝麻润肠通便，还可补肝肾、乌发美肤。

菠菜汤：菠菜3棵，香油少许。菠菜去根，洗净，切段，沸水中烫片刻，放入锅中，加2碗水，大火煮沸，滴3滴香油调匀，给宝宝连汤带菜吃下去。菠菜富含纤维素，香油也有润肠通便作用。

对症按摩小病消

大人用拇指指腹从宝宝肚脐眼向两侧轻轻推揉2分钟左右。大人用手掌或中间三根手指围绕宝宝肚脐眼顺时针画圈按揉约5分钟。用大拇指按揉宝宝尾骨约2分钟。

呕吐

引起呕吐的原因较多，首先考虑喂养不当引起，如喂奶过多、宝宝吞咽过快、喂养不定时等。如果改进喂养方法后还呕吐，将宝宝呕吐物和大便带到医院做检查，并将呕吐的时间、情况、次数、呕吐物的性状颜色、排便情况告诉医生，有助于及时诊断。

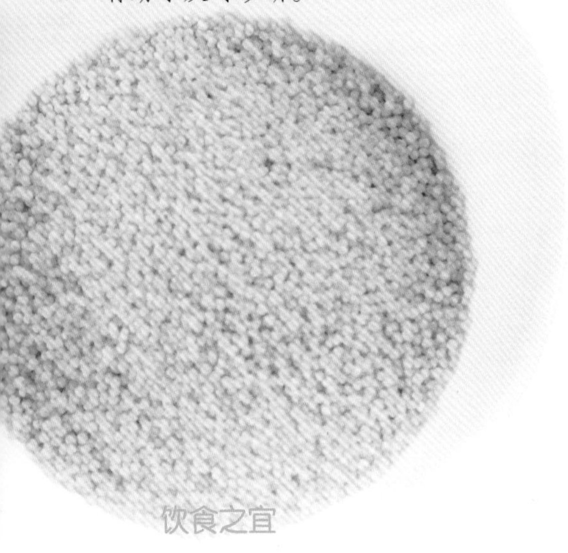

饮食之宜

呕吐症状较轻的，可给予流质、半流质饮食，少量多次；症状较重的最好禁食 1 ~ 2 顿，再给予清淡、易消化、少渣、稀软的食物，由少量开始，待肠胃恢复正常功能后，再恢复到正常饮食。

严重的需要适当补充维生素 B_6 制剂，可缓解呕吐症状，饮食中也可适当多摄入富含维生素 B_6 的食物，如动物肝脏、谷类、肉、鱼、蛋、豆和花生。

饮食之忌

不要吃过多，饮食无规律。

不要吃油腻酸辣食物。

不要吃生冷寒凉食物。

暴饮暴食、饮食无规律是大忌。

食滞伤胃的忌食生冷油腻。

脾胃虚寒的忌食寒凉、油腻食物。

胃阴不足的忌食甜食、辛辣刺激食物。

外邪犯胃的忌食煎炸烧烤的食物。

推荐食疗方

藕粉羹：藕粉放入碗中，倒入少许凉开水，边倒边搅匀，将刚烧开的水一次冲泡，边冲边搅匀，呈透明状即可，放至温热给宝宝吃。养胃阴、生津液，缓解呕吐症状。

焦米汤：大米50克，放入铁锅中干炒至有香味溢出，加4~7倍水，煮成焦米汤给宝宝食用。炒焦的米粒有止泻止吐的作用。

姜汤：生姜1块。生姜洗净后切片，放入锅中，加3碗水，大火煮沸后转小火煎10分钟，少量多次给宝宝喝。温中止呕。

小米锅巴：小米50克。将小米淘洗后用清水浸泡4小时，放入电饭锅，比平时做饭的水量略少，煮小米饭，饭煮好后再次按下煮饭键，二次煮好后锅底就结了厚厚的一层锅巴，磨成细末，用热开水给宝宝冲服食用。锅巴难成型的也可接着放平底锅小火略煨，水分减少，锅巴变硬即可。健脾胃、止呕。

对症按摩小病消

用指腹轻轻按揉宝宝两乳头连线中点约2分钟。用手掌或中间三根手指顺时针、逆时针按摩宝宝腹部各1分钟。按揉宝宝手腕内侧约1分钟，揉捏宝宝手掌、手指约1分钟。揉捏宝宝膝盖下方约1分钟。

上火

便秘、眼屎多、口臭、小便黄、烦躁不安，宝宝八成是上火了。中医认为宝宝是“纯阳之体”，体质偏热，容易出现上火症状，干燥的秋冬季和炎热的夏季都是宝宝上火的高发期。如果饮食不当，更容易引起上火，除了让宝宝休息好，给宝宝创造一个整洁安静的活动环境，饮食调理尤为重要。

饮食之宜

奶粉喂养的宝宝更容易上火，出现上火症状后可将奶冲调得稀一些。

多给宝宝喝白开水，可少量多次饮用，上火的宝宝更易缺水，多喝水还可散内热。

已经添加辅食的宝宝，多给予汤粥类，已经可以食用绿豆的可给予绿豆汤，尤其在暑湿盛行的夏季，绿豆汤是消暑清热的佳品。

多给宝宝吃清热多汁的水果、蔬菜，如荸荠、西瓜、山竹、梨、苦瓜、丝瓜、白萝卜、番茄。

饮食之忌

辛热食物如羊肉、狗肉、坚果类、炒瓜子仁、胡椒、大葱最好不要给宝宝食用。

油腻、煎炸烧烤类和含糖量高的食物也要少给宝宝吃。

肉食类不要给宝宝吃得过多。

推荐食疗方

西瓜汁：西瓜1块，去子取肉，放入榨汁机榨汁给宝宝喝。清热利尿。

炒西瓜皮：西瓜1个，挖干净西瓜肉，取皮，削去最外层绿色的皮，将青色瓜皮切成丝，用少许橄榄油煸炒至软，给宝宝吃。中医称西瓜皮为“西瓜翠衣”，有清热解暑的功效。

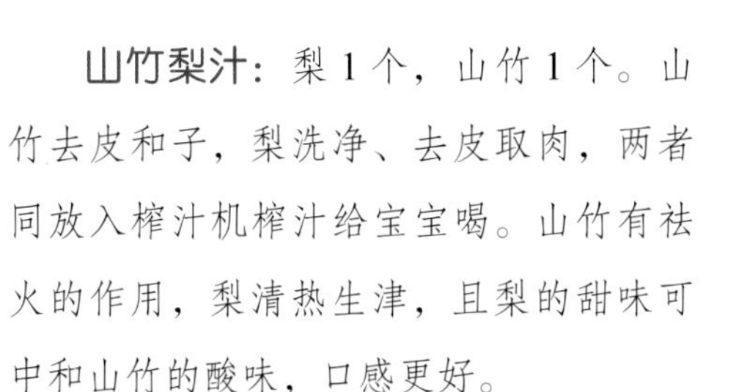

山竹梨汁：梨1个，山竹1个。山竹去皮和子，梨洗净、去皮取肉，两者同放入榨汁机榨汁给宝宝喝。山竹有祛火的作用，梨清热生津，且梨的甜味可中和山竹的酸味，口感更好。

荸荠冰糖水：荸荠5个，冰糖1粒。荸荠洗净、去皮、切碎，和冰糖一起放入锅中，加2碗水，大火煮沸后转小火煮5分钟，给宝宝喝汤水。荸荠清热润肺，冰糖祛火清痰，对肺热咳嗽有痰尤其有效。

丝瓜番茄汤：丝瓜1根，番茄1个。丝瓜洗净、去皮、切小块，番茄洗净后用热开水烫去皮，切小块，两者一起放入煮沸的水中，大火煮10分钟左右至汤成。丝瓜清热凉血，番茄清热止渴，小宝宝可以给他喝汤，大宝宝可以连带丝瓜和番茄一块给他吃下去，番茄偏酸，丝瓜甘甜，两者搭配，即便不加调味料口感也较好。

对症按摩小病消

搓宝宝的手心、脚心和十根手指侧面，发热为止。从宝宝尾骨开始，沿着脊柱两侧，由下向上，边推揉用两指指腹捏起脊柱两旁的皮肤，直至脖子处，重复数次。

附录1：时令蔬果速查

应季蔬菜速查

品种 / 月份	1	2	3	4	5	6	7	8	9	10	11	12
菠菜	★	★	★							★	★	★
油菜			★	★	★	★	★	★	★	★		
菜心	★	★	★	★	★	★	★	★	★	★	★	★
番茄						★	★	★	★			
土豆						★	★	★				
南瓜								★	★	★	★	
白菜									★	★		
甘蓝	★	★			★	★	★	★	★	★	★	★
萝卜	★								★	★	★	★
莴笋			★	★	★					★	★	
菜花										★	★	★
黄瓜					★	★	★	★	★	★		
冬瓜							★	★	★	★		
丝瓜							★	★	★			
芹菜	★	★	★	★						★	★	★
芦笋					★	★						
芋头									★	★		
山药										★	★	

品种 月份	1	2	3	4	5	6	7	8	9	10	11	12
红薯									★	★		
油麦菜							★	★	★			
荸荠									★	★		
莲藕							★	★	★			
茼蒿							★	★	★	★		
生菜			★	★	★					★	★	
荠菜			★	★	★	★	★	★	★	★		
茄子						★	★	★	★			
苦瓜							★	★				
芥菜					★	★						
豌豆				★	★				★	★		
春笋			★	★								
韭菜	★	★	★	★	★	★	★	★	★	★	★	★
苋菜				★	★	★	★					
扁豆							★	★	★			
空心菜							★	★				
茭白					★	★	★	★	★	★		
洋葱						★	★	★	★			
蒜苔	★	★	★	★	★	★			★	★	★	★
辣椒							★	★	★			
豇豆							★	★	★			
西葫芦					★	★	★					

应季水果速查

品种 月份	1	2	3	4	5	6	7	8	9	10	11	12
苹果							★	★	★	★	★	
香蕉	★	★	★	★	★	★	★	★	★	★	★	★
圣女果						★	★	★	★	★		
西瓜						★	★	★	★			
梨								★	★	★		
猕猴桃								★	★	★	★	
草莓					★	★						
青枣	★	★	★							★	★	★
樱桃					★	★						
蓝莓					★	★	★	★				
枇杷				★	★	★						
桃					★	★	★	★	★			
葡萄								★	★	★		
香瓜						★	★	★	★			
火龙果						★	★	★	★	★	★	
山楂										★	★	
柑橘										★	★	★
荔枝					★	★	★	★				
橙子										★		
哈密瓜						★	★	★	★	★		
无花果							★	★	★	★		

品种 月份	1	2	3	4	5	6	7	8	9	10	11	12
桑葚				★	★	★						
山竹					★	★	★	★	★			
菠萝				★	★	★	★			★	★	★
桂圆							★	★				
柿子										★		
柚子	★										★	★
石榴									★	★		
芒果					★	★	★	★	★			
柠檬										★	★	★
杨桃							★	★	★	★		
李子						★	★	★				
杏						★	★					
菠萝蜜							★	★	★			
番石榴	★	★	★	★	★	★	★	★	★	★	★	★
番荔枝						★	★	★	★	★	★	
百香果							★	★	★	★	★	★

附录2：食物储存小贴士

冷藏室最上层（温度次高）

★ 熟食 3 天

冷藏室第二层（温度低于上层）

★ 剩饭剩菜 3 天

冷藏室第三层（温度低于第二层）

★ 酸奶 7 天

★ 花生酱、芝麻酱 90 天

★ 海鲜 1 天

★ 禽肉、畜肉 2 天

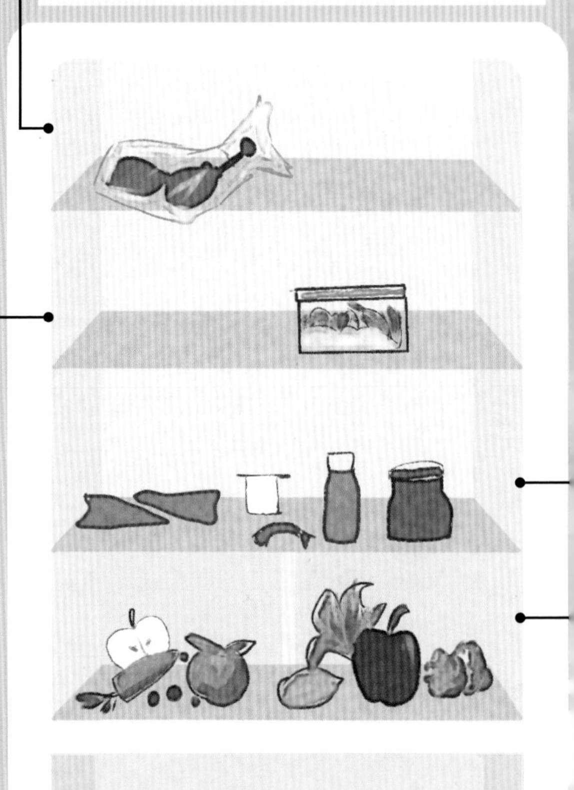

门（温度最高）

★ 带壳生鸡蛋 3~5 周

★ 牛奶 3 天

★ 果汁 1 天

★ 调味品，根据不同种类
1 个月 ~1 年

冷冻室（越往下温度越低）

★ 海鲜、冰棍 90 天

★ 禽肉 180 天

★ 畜肉 240 天

冷藏室果蔬室（温度低于第三层）

★ 蔬菜水果 1 周左右，
切开的水果 1 天

图片宝宝：刘旭冉 刘清逸

图片摄影：瞬境私人摄影有限公司 齐巍
封面宝宝：霍祉妤
封面宝宝摄影：精灵豆儿童摄影
手绘插图：仵亦贞
内文设计：李 婧

感谢其他人员对本书的贡献：
邓亚如 汤 华 张艳红 张 鑫 张晓莉 高 冰
郑秀华 胡卫民 丁姝音 孔祥玉 李夏耘 吴 浩
汤惠康 章建兰 王兰兰 李少毅 李 媚 苏 敏
何 仲 胡凌瑜 李玲娟 张小怡 周玫娟 童之悦
胡卫星 尹建忠 胡文澍 柳 登 胡红艳 汪 峰
谢殊州 邬滢琪 叶剑丽 罗 奇 刘晓红 杨征炜
刘 翔 徐 颖 陈晓英 胡伟平 董小英 李 婧
朱彦蓉 司燕萍 朱永清 刘 睿 田娟娟 韦 猛
尹志峰 叶倩波 司燕青 于 爽 刘琳洁

图书在版编目（CIP）数据

宝宝辅食添加每周计划 / 童笑梅，胡敏编著 . – 北京：化学工业出版社，2016.9（2024.4 重印）
ISBN 978-7-122-27904-0

Ⅰ . ①宝… Ⅱ . ①童… ②胡… Ⅲ . ①婴幼儿 – 食谱 Ⅳ . ① TS972.162

中国版本图书馆 CIP 数据核字（2016）第 201507 号

责任编辑：杨晓璐 杨骏翼　　装帧设计：尹琳琳
责任校对：程晓彤

出版发行：化学工业出版社（北京市东城区青年湖南街 13 号 邮政编码 100011）
印　　装：北京瑞禾彩色印刷有限公司
710mm × 1000mm 1/16 印张 16 字数 221 千字 2024 年 4 月北京第 1 版第 29 次印刷

购书咨询：010–64518888　　售后服务：010–64518899
网　　址：http://www.cip.com.cn
凡购买本书，如有缺损质量问题，本社销售中心负责调换。

定　　价：49.80 元